# 人氣烘焙教室的
# 基礎蛋糕*54*款

佐藤弘子／著
安珀／譯

前言

因為想將家庭糕點的豐富性傳達給大家，
所以開設了甜點教室，至今已18年了。

在甜點教室一整年的課程中，我最想教給大家的
就是如何手工打發海綿蛋糕的麵糊。

也許大家會覺得「手工打發也太累了！」，但是這麼做其實非常愉快。
只要掌握了作法，就不會覺得辛苦。
以前的蛋糕店，每家都是這麼做的啊！

手工打發的海綿蛋糕，蓬鬆、濕潤、柔軟，味道細膩溫和。
美味的程度連甜點教室的學生都說：「單單蛋糕體就好吃極了！」

製作美味的麵糊是糕點製作的基礎。
本書匯集了可以用簡單的材料輕鬆做出糕點的食譜。
我會教大家，不論純手工或借助機械，都同樣能將少量麵糊做成美味糕點的方法。

如果想將其中任何一款糕點做得很完美，
就請不斷重複製作直到自己能夠滿意為止。
做糕點最重要的條件在於用心，
完成自己的作品之後，一定會很開心的。

現在，就請大家開始動手，做出許許多多的糕點吧！

madeleine甜點教室
佐藤弘子

# Contents

前言——3

材料介紹——6

各食譜中推薦的材料 ——7

草莓果醬的作法——7

蜜漬薑片的作法——7

器具介紹——8

器具的使用方法——9

模具和紙的介紹——10

海綿蛋糕切片的方法——17

糖漿的作法——17

發泡鮮奶油的打發方法——21

卡士達醬的作法——21

蛋白霜的打發方法——38

奶油霜的作法——39

酒漬果乾的作法——61

奶酥的作法——91

使用烤箱的訣竅——94

## 01
# 基本的全蛋法麵糊 ——12

用打蛋器製作的海綿蛋糕——14

用手持式電動攪拌器製作的海綿蛋糕——16

質樸的卡士達鮮奶油蛋糕——20

時令水果鮮奶油蛋糕——20

裝飾鮮奶油蛋糕——24

成熟口味鮮奶油蛋糕——25

果醬蛋糕卷——28

檸檬杯子蛋糕——29

巧克力甘納許蛋糕——32

鬆軟的巧克力蛋糕——33

糖漬橙皮奶油蛋糕——34

甘薯蒙布朗蛋糕——35

## 02
# 基本的分蛋法麵糊 ——36

鄉村麵包BISKIE——36

洋梨蛋糕卷——41

原味戚風蛋糕——44

肉桂戚風蛋糕——46

生薑戚風蛋糕——46

摩卡巧克力戚風蛋糕——46

奶茶戚風蛋糕卷——47

入口即化紅豆蛋糕卷——49

入口即化抹茶蛋糕卷——49

無麵粉巧克力蛋糕卷——50

鬆軟的鬆餅——51

草莓香蕉歐姆蛋卷——53

# 03
## 基本的磅蛋糕麵糊 —— 54

奶油蛋糕 —— 56
白蘭地蛋糕 —— 57
白巧克力淋醬蛋糕 —— 57
鳳梨核桃蛋糕 —— 59
水果蛋糕 —— 61
檸檬奶油蛋糕 —— 63
無花果蘭姆酒蛋糕 —— 63
焦糖蘋果蛋糕 —— 65
巧克力香蕉蛋糕 —— 66
核桃咕咕霍夫蛋糕 —— 67

# 04
## 基本的馬芬麵糊 —— 68

香草馬芬 —— 70
藍莓奶油乳酪馬芬 —— 71
芒果奶油乳酪馬芬 —— 71
花生醬巧克力豆馬芬 —— 71
莫扎瑞拉乳酪培根馬芬 —— 72
抹茶紅豆杯子蛋糕 —— 73
棉花糖巧克力蛋糕 —— 75
蝴蝶杯子蛋糕 —— 77

# 05
## 簡易點心 —— 78

全蛋法的卡斯提拉蛋糕 —— 80
分蛋法的卡斯提拉蛋糕 —— 81
瑪德蓮蛋糕 —— 83
費南雪蛋糕 —— 86
黑糖費南雪蛋糕 —— 87
鳳梨椰子費南雪蛋糕 —— 87
紅茶費南雪蛋糕 —— 87
果醬餅乾 —— 89
巧克力夾心餅乾 —— 89
生乳酪蛋糕 —— 91
蜜柑慕斯蛋糕 —— 92
葡萄果凍和芭芭樂慕斯 —— 93

# 材料
## 介紹

材料在住家附近的超市購入就可以了。最重要的是保存方式。開封之後，請放在陰涼的場所保存，並且盡早使用完畢。

① 蛋

使用M尺寸（淨重50～55g）的蛋。有的食譜會使用L尺寸（淨重60g），或標記成添加額外蛋白的公克數。蛋要放在冷藏室保存。

② 粉類

低筋麵粉　高筋麵粉

本書使用的是在超市販售的一般商品。粉類的保存方式很重要，要放在冷藏室或陰涼處保存，開封之後要盡早使用。高筋麵粉乾鬆不黏膩，所以基本上當作撒在模具上的麵粉使用。

③ 牛奶

本書使用的是高梨乳業的「低溫殺菌牛奶」。用平常家裡飲用的牛奶就可以了。也能替換成豆漿。

④ 鮮奶油

使用乳脂肪含量45～47%和35～36%的鮮奶油。35～36%的鮮奶油打發所需的時間較久，請使用手持式電動攪拌器。加入的砂糖，依蛋糕不同，在10～13%之間做調整。

⑤ 油類

奶油　　米油

本書使用無鹽奶油和米油。雖然使用了即使以高溫烘烤也不易氧化的米油，但只要是沒有特殊風味的油皆可，所以請以自己喜歡的油品來製作。

⑥ 巧克力

鏡面巧克力

調溫巧克力

烘焙用的調溫巧克力，本書使用的是「大東可可」可可含量56%的產品（甜味），淋覆用的鏡面巧克力則有甜味和白色兩種。請置於陰暗處保存。

⑦ 砂糖

黍砂糖　　細砂糖　　甜菜糖　　上白糖　　三溫糖

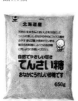

質地乾鬆的黍砂糖、細砂糖和甜菜糖不用過篩就可以使用，質地濕潤的上白糖和三溫糖基本上要過篩之後再使用。褐色系的砂糖味道香醇，富有風味；白色系的砂糖味道清爽，可使成品發揮素材的優點。如果不打算嚴格區分使用，白色系的砂糖可用其他白色的糖替代，褐色系的砂糖亦是。

⑧ 鹽

用來增添風味或提味。本書使用的是質地細緻、容易溶解的燒鹽。

# 各食譜中推薦的材料

**櫻桃酒（左）／草莓利口酒（右）**

在p.25的「成熟口味鮮奶油蛋糕」中使用。草莓利口酒的法文名稱為Crème de Fraise。

**脫脂奶粉**

在p.46的「摩卡巧克力戚風蛋糕」中使用。森永乳業的粉狀產品很好用，推薦給各位讀者。

**即溶咖啡**

在p.46的「摩卡巧克力戚風蛋糕」中使用。容易溶解的雀巢即溶咖啡很好用。

**紅豆沙餡**

在p.49的「入口即化紅豆蛋糕卷」中使用了井村屋的100%北海道紅豆。具有恰到好處的顆粒感。

**抹茶**

在p.49的「入口即化抹茶蛋糕卷」和p.73的「抹茶紅豆杯子蛋糕」中使用了一保堂茶鋪的「曙之白」。用剩的抹茶請放在冷凍室保存。

**酥油**

在p.67的「核桃咕咕霍夫蛋糕」中使用了有機酥油。因為是少量使用，小包裝的酥油比較方便。

**珍珠糖**

在p.70的「香草馬芬」中使用了珍珠糖。烤好後會變硬，成為糖果狀，產生獨特的口感。

**花生醬**

在p.71的「花生醬巧克力豆馬芬」中使用了「吉比」的顆粒花生醬。

**紅糖**

在p.87的「黑糖費南雪蛋糕」中當作黑糖使用。選用苦味和澀味都不重的「大東製糖」產品。

---

## 草莓果醬的作法

### 材料

草莓——100g ＊冷凍的亦可。
細砂糖——50g
檸檬汁——3g

### 作法

*1* 將草莓對切成一半。在有深度的鍋子中放入草莓、細砂糖、檸檬汁和水1大匙（分量外），以較小的中火加熱，攪拌均勻。

*2* 煮滾之後，以稍大的中火熬煮約2分鐘，然後關火。

*3* 在表面蓋上烘焙紙，沾取浮沫。放在冷藏室可以保存1個月左右。

### ·以藍莓製作的話

準備藍莓100g、細砂糖50g、檸檬汁10g，作法與草莓果醬相同。

### ·以覆盆子製作的話

準備覆盆子100g、細砂糖50g，作法與草莓果醬相同。

### ·以蘋果製作的話

蘋果2個（富士和紅玉各1個／淨重約320g）去皮去芯之後，切成2～3cm的方塊。在有深度的鍋子中放入水80g和蘋果，蓋上鍋蓋，以小火加熱煮7分鐘。煮至蘋果稍微出現透明感時，加入細砂糖160g和檸檬汁9g，以稍大的中火煮2分鐘，然後關火。放在冷藏室可以保存1個月左右。

＊如果不使用紅玉蘋果，會無法煮得糊爛，所以全部使用富士蘋果製作時，請預先將1/4量（約80g）的蘋果磨成泥之後再使用。

---

## 蜜漬薑片的作法

（在p.46的「生薑戚風蛋糕」中使用）

### 材料　容易製作的分量

生薑——150g
蜂蜜——150g
水——75g

### 作法

生薑去皮之後切成薄片。將生薑、蜂蜜、水放入小鍋子中，以橡皮刮刀混合攪拌。以烘焙紙當做落蓋，開中火加熱。煮滾之後改為小火，慢慢熬煮至水分變少。煮乾之後拿起落蓋，讓水分蒸散之後移離爐火。倒入缽盆中，覆上保鮮膜放涼。

＊除了可以加入蛋糕享用，也可以添加在紅茶裡享用，以食物調理機攪打成泥後塗抹在麵包上也很好吃。還能用來製作薑燒或咖哩等料理。可以冷凍保存。

# 器具
## 介紹

將基本器具準備齊全的話，就可以輕鬆進行作業。慢慢地一樣樣購買齊全也充滿樂趣。請找到自己用得順手的器具。

① 磅秤

為了使讀者容易理解，本書基本上標記的是公克數（g）。如果有個能計量到1g以下的電子秤會非常方便。

② 缽盆

主要使用的是不鏽鋼材質的缽盆。用手打發的時候，使用較淺的缽盆；用手持式電動攪拌器時，則是使用較深的缽盆。

③ 網篩

用於過濾、或過篩粉類的時候。網孔適中的網篩最理想。將砂糖過篩時，使用網孔稍微大一點的網篩比較方便。

④ 手持式電動攪拌器

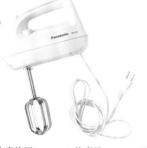

本書使用Panasonic的產品。如果是便宜的機器，有的馬達很弱、攪拌棒很小，得比食譜標記的時間攪拌得更久。

⑤ 打蛋器

不會太大、握起來順手的尺寸比較好用。另外，如果有迷你尺寸的打蛋器，在攪拌極少量材料的時候會很方便。

⑥ 橡皮刮刀

本書使用的是刀面部分面積大、一直到刀柄都是耐熱材質、一體成型的橡皮刮刀。如果也備有迷你尺寸的橡皮刮刀會很方便。

⑦

蛋糕轉台／
裝飾刮板

用於以鮮奶油霜裝飾蛋糕的時候。使用便宜的商品就可以了。如果有蛋糕轉台，就可以使用裝飾刮板。

⑧ 刷子

用於在海綿蛋糕上面塗抹糖漿的時候。有矽膠、尼龍、山羊毛等各種材質，這裡使用的是豬毛刷子。

⑨ 抹刀

用於塗抹鮮奶油霜，以及將戚風蛋糕剝離模具等時候。如果備有大小不同的尺寸會很方便。請選用握起來順手的抹刀。

⑩ 擠花袋・擠花嘴

使用拋棄式擠花袋就可以了。如果有星形和圓形的擠花嘴，裝飾的花樣會變得更多樣。

# 器具的使用方法

使用器具時有些小訣竅。在開始動手之前，請先嘗試仿效這裡所介紹的使用方法。
本單元還將告訴大家粉類的計量方法。

## 粉類的計量方法

計量粉類的時候，以電子秤搭配缽盆和網篩來計量，作業就能順利進行。混合泡打粉等粉類的時候，先一起計量（1）。計量完畢之後，只需要過篩就可以了（2）。

*Memo*

牛奶和油脂等，在同樣的時間點加入的材料，先用同一個缽盆計量備用的話，可以省下依序加入，以及清洗器具所費的工夫。請選用尺寸大小適合作業的缽盆。

## 打蛋器的使用方法

**直線移動**

像是畫直線般地攪拌。在這之後，搭配沿著缽盆底部的圓周一圈一圈轉動的動作會更好。蛋白霜等是使用這種攪拌方法。

**以畫圓的方式打發**

像是縱向畫圓般地攪拌。不時轉動缽盆，將全體均勻地打發起泡。肩膀不要用力，以規律的節奏攪拌。

## 橡皮刮刀的混拌方法

沿著缽盆大幅度地混拌。開始混拌時，形成結塊的麵糊和粉類會殘留在橡皮刮刀或缽盆上，必須盡快把它刮下來。請以大幅度翻動麵糊的方式移動橡皮刮刀。不要以太過細碎的動作讓橡皮刮刀接觸麵糊。

**大幅度混拌**

一邊將橡皮刮刀順著紅箭頭的方向移動，一邊將缽盆往近身處轉動，大幅度混拌。

橡皮刮刀的邊緣要緊貼刮過缽盆。

混拌到底時，要翻轉手腕。

**仔細攪拌**

像是可以看見缽盆底部般，依照另一側→正中央→近身處的順序移動橡皮刮刀，確認是否還留有未混拌均勻的部分。

# 模具和紙
## 的介紹

使用的是輕易就能買到的模具。因為種類有各式各樣，所以熟練作法之後，請使用自己喜歡的模具享受烘焙樂趣。這裡要介紹在各種模具中鋪紙的方法。

藁半紙　　　　　　　　　烘焙紙

### ・使用的紙

鋪在模具中的紙，使用的是藁半紙和烘焙紙。
藁半紙→用於以烤箱進行的一般烘烤。烘烤面會緊黏著紙。
烘焙紙→耐蒸氣和水氣，且容易剝落，所以使用於柔軟的蛋糕體等。

---

**1** **圓形模具**

### ・鋪紙的方法

1.將模具放在紙上做記號，然後裁切出比模具約大5mm的紙。2.嵌入模具中，將5mm的部分立起來。3.側面要裁切出比模具高1～2cm的紙。4.依照側面→底面的順序鋪紙。

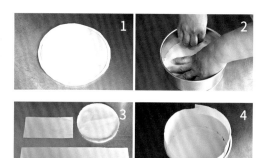

---

### ・不使用紙的時候

如果要呈現出烘烤面，或是充分烘烤也沒問題的麵糊，就不使用紙，直接以模具來製作。

1.將模具內側全面均勻地塗上薄薄一層奶油。2.一邊將高筋麵粉過篩，一邊充分地撒在模具內側。3.將模具顛倒過來，敲叩模具，使多餘的麵粉掉落。4.直到使用之前都放在冷藏室裡。

## ② 磅蛋糕模具

### ・鋪紙的方法

1.將模具放在紙上做記號,然後配合模具大小摺出摺痕。裁切掉多餘的部分。2.在邊角的部分剪入4道切口。3.依照a→b→c的順序重疊,組合起來,然後嵌入模具中。4.如果是側面火力很強的烤箱(主要是旋風烤箱),將浸濕的報紙縱向摺成一半,再摺成3折之後圍住模具,然後以釘書機固定,就可以從上面慢慢地烘烤。

---

## ③ 長方形淺盤

### ・鋪紙的方法

如果家裡有較大的長方形淺盤,想烘烤蛋糕卷所使用的平板蛋糕時,不論什麼尺寸大小都烤得出來。
1.量好要烤的尺寸,加上側面立起來的部分,裁紙。2.將側面多餘的部分重疊,以釘書機固定。3.用磅蛋糕模具或是摺疊得很堅實的紙當做阻擋物,放在烤盤上固定紙模。

## ④ 圓形圈模(使用於p.36「鄉村麵包BISKIE」)

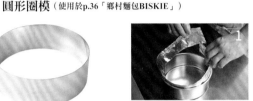

### ・沒有圓形圈模的時候

如果是常溫糕點,可以用鋁箔紙代替。
1.準備圓形模具。將鋁箔紙配合模具側面的高度,裁成可以圍成一圈的長度。2.放入圓形模具的內側,以釘書機固定。3.要使用的時候,在內側塗抹奶油,再撒上高筋麵粉。

---

## ⑤ 方形模具

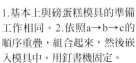

1.基本上與磅蛋糕模具的準備工作相同。2.依照a→b→c的順序重疊,組合起來,然後嵌入模具中。用釘書機固定。

## ⑥ 馬芬模具

如果是未經鐵氟龍塗裝的模具,為了容易取出,最好先在表面塗油,在那之後才裝入紙模。

---

## ⑦ 戚風蛋糕模具

本書使用鍍鋁鋼製的戚風蛋糕模具。如果是上下加熱管烤箱,或感覺火力較弱的烤箱,建議最好使用薄又輕的鋁製模具。

# 01 基本的全蛋法麵糊

可以感受到蛋的溫和風味，鬆軟輕盈、質地細緻、口感濕潤的全蛋法海綿蛋糕。
本章將為大家介紹以米油製作的清爽型，以及用奶油製作的濃醇型這2種配方。

## 用打蛋器製作的海綿蛋糕

用1個蛋就可以完成、最小的海綿蛋糕。兩手交替，以規律的節奏攪拌，出乎意料地，
很快就打發了，烘烤完成時格外開心。想要烤出好吃的海綿蛋糕，訣竅在於不可以打
發過度。因為只使用蛋、低筋麵粉、黍砂糖、米油和水，所以成品的味道溫和、口感
鬆軟。

# 用手持式電動攪拌器製作的海綿蛋糕

使用奶油、牛奶和細砂糖，做出風味濃醇、質地濕潤、入口即化的海綿蛋糕。用手持式電動攪拌器的話，立刻就能打發起泡，所以要仔細觀察蛋糊的狀態，避免打發過度。

# 用打蛋器製作的海綿蛋糕

**材料** 直徑12cm的圓形模具1個份

蛋⋯⋯1個（60g）*

黍砂糖⋯⋯30g

低筋麵粉⋯⋯30g

米油⋯⋯10g

水⋯⋯8g

*額外添加蛋白至60g。或使用L尺寸的蛋。

**準備**

・將低筋麵粉過篩。

・在模具中塗抹奶油之後撒上高筋麵粉（皆為分量外），拍除多餘的麵粉，一直到使用之前都放在冷藏室中（p.10）。

・將烤箱預熱至180℃。

##  將蛋打發起泡

將蛋打入較小的缽盆中，並用手指刮下殘留在蛋殼中的蛋白，加入缽盆中。

＊建議使用直徑20cm、深7～8cm左右，較小的不鏽鋼製淺缽盆。

以打蛋器打散成蛋液，加入黍砂糖之後一圈一圈地攪拌。

把缽盆放在瓦斯爐上，一邊攪拌一邊以微火加熱。

＊為了易於打發，加熱至砂糖溶化的程度。即使不加熱，只要多花點時間，還是可以打發起泡。請使用可以直火加熱的不鏽鋼製缽盆。

用打蛋器以畫直線的方式攪拌約20秒，然後移離爐火。

將缽盆放在濕布巾上，稍微傾斜缽盆，不時轉動缽盆，同時以畫圓的方式打發起泡。

稍微打發起泡之後，放慢速度，以規律的節奏繼續打發。右手累了就改換左手攪拌。

##  加入粉類

舀起蛋糊讓它流下來，試著在缽盆裡寫字，如果痕跡不會立刻消失並稍微殘留，就是打發完成。到此為止約5分鐘。

＊打發過度的話，放涼之後蛋糕表面會稍微凹陷下去，或是質地變硬而使口感變差。

一口氣加入低筋麵粉，用橡皮刮刀攪拌約15次之後，以缽盆的盆緣將黏附在橡皮刮刀上的麵糊刮下來。

再攪拌約5次，直到看不見粉粒為止，然後將橡皮刮刀上的麵糊刮乾淨。

＊隨著器具的大小或材料分量的不同，攪拌的次數會不一樣，訣竅在於如果加入粉類就要「充分」攪拌，加入油脂的話則是「輕輕」攪拌。

*Memo*

更改尺寸後的製作方法

如果是直徑15cm的模具，請參考「用手持式電動攪拌器製作的海綿蛋糕」（p.16），將材料中的細砂糖替換成黍砂糖，奶油替換成米油，以相同的分量製作即可（烘烤時間約25分鐘）。

18cm的話，請把12cm的分量變更為3倍（烘烤時間約30分鐘），21cm的話，請把15cm的分量變更為2倍（烘烤時間約35分鐘）。

---

③ 加入油和水

加入米油和水。

以攪拌15～20次為基準，直到米油均勻分布在全體麵糊中，麵糊散發光澤為止。

舀起麵糊讓它流下來，如果稍微重疊之後慢慢地融合在一起，就是攪拌好了。

---

④ 倒入模具中

將麵糊倒入模具中。

以橡皮刮刀輕輕攪拌表面，讓麵糊融合在一起。

＊如果將最後殘留在缽盆中、色澤不一樣的麵糊倒入之後就直接烘烤，烤好後蛋糕會凹陷，所以要輕輕攪拌，讓麵糊融合在一起。

---

⑤ 烘烤

以180℃的烤箱烘烤約20分鐘。烤10分鐘左右時，要對調模具的方向。待表面形成緩緩隆起的山狀，並呈現出淺褐色，就是烘烤完成了。輕按蛋糕體的中心，如果有彈性就是烤熟了。

＊烤箱如果有上下層，放在下層。

＊烘烤時間是以使用電烤箱為準。時間會隨著烤箱機種或季節而有所不同。使用瓦斯烤箱的話，請將溫度調低10℃左右。（此為全部食譜共通的要點）。

＊如果覺得烤色太深、成品乾柴，或者是沒有烤熟的話，請將烘烤時間增減2分鐘左右，或是將溫度調高或調降10℃。

---

烘烤完成之後，敲叩模具底部，讓熱氣散出去，然後輕輕拍打周圍。

將模具翻轉過來，取出蛋糕。

放在網架上。將蛋糕翻面，蓋上布巾保濕。稍微放涼之後，趁還溫熱的時候用保鮮膜輕輕包覆起來。

# 用手持式電動攪拌器製作的海綿蛋糕

**材料** 直徑15cm的圓形模具1個份

蛋——2個

細砂糖——60g

低筋麵粉——60g

無鹽奶油——20g

牛奶——15g

**準備**

· 將低筋麵粉過篩。

· 將奶油和牛奶放入缽盆中，隔水加熱溶化，直到使用之前都這樣放著備用。

· 將蓆半紙鋪在模具中備用（參照p.10）。

· 將烤箱預熱至180℃。

## 1 將蛋打發起泡

將蛋打入較深的缽盆中，用手持式電動攪拌器以高速打散成蛋液，加入細砂糖之後以低速輕輕攪拌。

把缽盆放在瓦斯爐上，以微火加熱。用手持式電動攪拌器以低速像畫圓般攪拌約20秒。砂糖溶化之後即可停止攪拌。

移離爐火，將缽盆放在濕布巾上，稍微傾斜缽盆，不時轉動缽盆，同時以高速打發起泡。

## 2 加入粉類

## 3 加入奶油和牛奶

   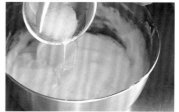

產生大氣泡後改以低速攪拌。開始有電動攪拌器的痕跡殘留時，舀起蛋糕讓它流下來。試著在缽盆裡寫字，痕跡不會立刻消失並稍微殘留，就是打發完成。到此為止約2分鐘。

一口氣加入低筋麵粉，以橡皮刮刀攪拌15次後，將橡皮刮刀上的麵糊刮下來。再攪拌約5次，直到看不見粉粒，將橡皮刮刀上的麵糊刮乾淨。

將溶化的奶油和牛奶攪拌之後加入缽盆中。

## 4 烘烤

以橡皮刮刀攪拌15～20次，直到奶油均勻分布在全體麵糊中，麵糊散發光澤為止。舀起麵糊讓它流下來，如果稍微重疊之後慢慢地融合在一起，就是攪拌好了。

將麵糊倒入模具中。用橡皮刮刀輕輕攪拌表面，讓麵糊融合在一起。以180℃的烤箱烘烤約25分鐘。烤12分鐘左右時，要對調模具的方向。待表面形成緩緩隆起的山狀，並呈現出淺褐色，就是烘烤完成了。

脫模，剝下側面的紙。底部的紙就這樣留在蛋糕上，把蛋糕翻面放在網架上，暫時蓋上布巾。稍微放涼之後，趁還溫熱的時候用保鮮膜輕輕包覆起來。

＊底部的紙在要享用的時候，或是要裝飾的時候再拿掉就可以了。

# 海綿蛋糕切片的方法

## ·橫切成2片

*1* 輕輕壓住海綿蛋糕，以波浪蛋糕刀劃一圈做記號，讓下層的海綿蛋糕稍微厚一點。

＊如果在正中央橫切成一半的話，之後放上鮮奶油霜或水果時，下層的海綿蛋糕會被壓垮，所以下層的海綿蛋糕最好切厚一點。

*2* 從第二圈開始，一邊將波浪蛋糕刀前後移動，一邊用手一圈一圈地轉動海綿蛋糕，將海綿蛋糕切片。

＊如果沒有蛋糕轉台，可以把海綿蛋糕放在紙上，一邊轉動海綿蛋糕一邊切片。

*3* 切成2片之後的狀態。

## ·橫切成3片（去除上下的烘烤面）

*1* 用波浪蛋糕刀以薄薄削除的方式切除海綿蛋糕的表層。以相同的方式切除底層。

*2* 輕輕壓住上面，以波浪蛋糕刀劃一圈做記號，將海綿蛋糕分成3等分。這個時候，最下面的海綿蛋糕最好切厚一點。

*3* 將波浪蛋糕刀前後移動，同時一圈一圈地轉動海綿蛋糕，將海綿蛋糕切片。以相同的方式再切1片，總共切成3片。

---

### 糖漿的作法

將這個糖漿以相同分量的水或酒稀釋之後，塗抹在海綿蛋糕上，能讓已經乾燥的蛋糕體恢復柔軟的狀態，鮮奶油霜和水果等也能更加融合。塗抹糖漿還可以延長蛋糕的保存時間。

**材料**
細砂糖——125g
水——100g

**作法**
將細砂糖和水放入小鍋子中，以中火加熱，用橡皮刮刀攪拌讓砂糖溶化。沸騰之後大約過30秒，糖液變透明後就可以移離爐火，趁熱裝入瓶子中。放在冷藏室可以保存1個月。也可以當做糖膠（gum syrup）使用。

質樸的卡士達鮮奶油蛋糕

# 質樸的卡士達鮮奶油蛋糕

簡單的裝飾，即使沒有蛋糕轉台，在家也可以輕鬆完成。儘管外觀看起來很樸素，中間卻奢侈地夾入卡士達醬和發泡鮮奶油。海綿蛋糕上塗抹了不含酒的糖漿水。

**材料** 直徑12cm的圓形模具1個份

| 海綿蛋糕（直徑12cm）──1個 | 卡士達醬（p.21）──60g |
| 草莓──5顆 | 鮮奶油（乳脂肪含量47%）──50g |
| 糖漿（p.17）──5g | 細砂糖──5g |
| 水──5g | 糖粉──適量 |

**準備**

・保留海綿蛋糕的表層，橫切成2片（p.17）。
・將糖漿以水稀釋，製作成糖漿水。
・將鮮奶油和細砂糖放入缽盆中，隔著冰水打成8分發的發泡鮮奶油（p.21）。

## 1 將草莓切成薄片

摘除草莓的蒂頭，以沾濕的紙巾擦拭表面之後，橫切成3～4片。

＊草莓用水清洗的話，很容易損傷。

## 2 塗抹糖漿

用刷子將糖漿水塗抹在整片海綿蛋糕上。

## 3 組合

將卡士達醬塗在海綿蛋糕的切面上。

＊為了避免卡士達醬溢出，塗抹時最好在海綿蛋糕的邊緣稍微留下一點空間。

將草莓排列在從外表看得到的位置。

在海綿蛋糕的中心放上發泡鮮奶油。

＊發泡鮮奶油從草莓之間的空隙露出來會好看。

擺放上層的海綿蛋糕，從上面輕輕按壓。用小濾網將糖粉篩撒在海綿蛋糕上。

## *Arrange*

# 時令水果鮮奶油蛋糕

除了草莓，有時也會使用哈密瓜、葡萄、鳳梨和香蕉等，建議大家也可以使用黃桃罐頭或橘子罐頭。

## 作法

時令水果鮮奶油蛋糕不是使用卡士達醬搭配鮮奶油，而是使用分量多一倍的鮮奶油（鮮奶油100g、細砂糖13g）。最後潤飾時，將鮮奶油塗抹在海綿蛋糕上（a），然後以切成適當大小的時令水果裝飾。

＊即使沒有抹刀，也可以用橡皮刮刀進行裝飾。

## 發泡鮮奶油的打發方法 （使用乳脂肪含量45～47%的鮮奶油）

### 作法

1 將鮮奶油和砂糖放入缽盆中，隔著冰水用手持式電動攪拌器以高速打發起泡。

2 接近想要的發泡狀態時，改用打蛋器，調整質地。

**5分發**

還是液狀，不會立起尖角。首先一口氣打發至這個狀態。乳脂肪含量45～47%的鮮奶油是可以打發至能夠觸摸的硬度的，因此可以從感覺還有點柔軟的程度開始慢慢打發。

**7分發**

整體鬆軟，打蛋器的痕跡會稍微殘留的程度。用於裝飾海綿蛋糕。

**9分發**

打蛋器的痕跡很明顯，尖角挺立。作為夾餡用的鮮奶油霜。如果要填入擠花袋中再擠出來的話，打發至快接近這個程度的8分發即可。

---

## 卡士達醬的作法

### 材料　完成的量約115g

**蛋黃**——1個份
**細砂糖**——25g
**低筋麵粉**——8g
**牛奶**——100g
**香草莢\***——1.5cm
**奶油**——5g

\*也可以使用香草油1～2滴。請在作法*1*中加入。

### 準備

- 將牛奶加熱。
- 剖開香草莢，以刀背刮下香草籽。
- 將低筋麵粉過篩。

### 作法

1 將蛋黃和細砂糖放入缽盆中，以打蛋器攪拌至顏色泛白為止。加入低筋麵粉之後充分攪拌。

2 將已經加熱的牛奶、香草籽和莢殼放入小鍋子中，以中火加熱。煮至鍋壁邊緣「噗滋噗滋」冒泡時，加入*1*之中，用打蛋器攪拌。

3 將*2*倒回小鍋子中，以中火加熱，用橡皮刮刀攪拌約2分鐘。
　＊如果擔心結塊的話，移離爐火之後再攪拌（a、b）。

4 關火，加入奶油，利用餘熱溶化之後，攪拌均勻（c）。

5 移入長方形淺盤中，立刻覆上保鮮膜，上面擺放保冷劑讓它急速冷卻（d）。放涼之後即可移入冷藏室。

6 要使用的時候，先以網篩過濾（e），再用橡皮刮刀攪拌至變得滑順（f、g）。放在冷藏室中可保存大約3天。

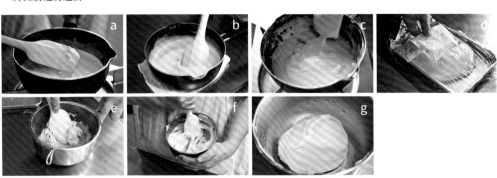

裝飾鮮奶油蛋糕

成熟口味鮮奶油蛋糕

# 裝飾鮮奶油蛋糕

使用蛋糕轉台，挑戰有如蛋糕店販售的裝飾鮮奶油蛋糕。即使有點不好看，也可以完成每個家庭獨一無二的可愛蛋糕。粉紅色的草莓鮮奶油霜和塗在切面的草莓糖漿，全都是使用草莓製作。

**材料**　直徑15cm的圓形模具1個份

海綿蛋糕（直徑15cm）──1個

草莓──18顆（糖漿用的6顆、鮮奶油霜

　　用的5顆、裝飾用的7顆）

鮮奶油（乳脂肪含量47%）──200g

　　（分成70g和130g）

草莓果醬（p.7）*──30g

明膠粉**──1g

冷開水──5g

糖漿（p.17）──30g（分成20g和10g）

水──10g

細砂糖──26g

*已經用濾篩過濾的草莓果醬。

**明膠粉是使用新田明膠的「SILVER」。以冷開水泡脹。

## 準備

· 薄薄地切除海綿蛋糕的表層和底層，然後橫切成2片（p.17）。

· 將明膠粉和冷開水放入缽盆中充分泡脹之後，隔水加熱煮溶。拌入已經用濾篩過濾的草莓果醬備用。

· 製作草莓糖漿。將草莓6顆磨碎，準備20g的草莓汁。將這個草莓汁與糖漿20g混合。

· 將糖漿10g以水稀釋，製作成糖漿水。

## 作法

1　**切草莓**　以沾濕的紙巾輕輕擦拭草莓表面，將鮮奶油霜用的5顆草莓縱切成1/4塊。

2　**製作草莓鮮奶油霜**　將鮮奶油70g放入缽盆中，隔著冰水打成7分發。加入已經拌入明膠液的草莓果醬攪拌，再加入已經切好的草莓攪拌。

3　**組合**　用刷子在上下兩片海綿蛋糕的切面分別塗上草莓糖漿，上面、底面和側面則塗上糖漿水。將下層的海綿蛋糕放在蛋糕轉台上，放上**2**，以抹刀抹平。將上層的海綿蛋糕放上去，輕輕按壓（a）。暫時放入冷藏室冷卻一下。

4　將鮮奶油130g和細砂糖放入缽盆中，隔著冰水打成7分發，只取缽盆中一半的分量繼續打發成稍硬的8分發。

5　**打底**　將8分發的發泡鮮奶油放在海綿蛋糕上，用抹刀貼著中央位置，一邊旋轉蛋糕轉台一邊抹平（b）。側面也用抹刀垂直貼著，一邊旋轉蛋糕轉台一邊塗抹開來（c）。溢到蛋糕轉台上的發泡鮮奶油，則是一邊旋轉蛋糕轉台一邊用抹刀刮乾淨（d）。

＊發泡鮮奶油被過度碰觸之後，如果質地變得乾巴巴，可以把抹刀用火烤一下，稍微加熱之後在表面抹一圈，就會變得很好看（e）。

6　**最後潤飾**　放上7分發的發泡鮮奶油，依照**5**，用抹刀以相同的方式塗抹（f、g）。溢出上方邊緣的發泡鮮奶油，則用抹刀從外側往中央塗抹，把表面整平（h）。以草莓裝飾。

＊要享用加了奶油的海綿蛋糕時，如果能讓它先在室溫中稍微回溫的話，吃起來會更加美味。

# 成熟口味鮮奶油蛋糕

將海綿蛋糕切成3片、夾入大量草莓，又加了洋酒糖漿製成的經典鮮奶油蛋糕，有著入口即化的美味。在最後潤飾時，可以用裝飾刮板在側面劃出紋路，使蛋糕變得更華麗。遇到重要紀念日的時候，請務必嘗試做做看。

## 材料　直徑15cm的圓形模具1個份

**海綿蛋糕（直徑15cm）**——1個

**草莓**——**15顆**（夾餡用的**7顆**、裝飾用的**8顆**）

**鮮奶油（乳脂肪含量47%）**——300g

**細砂糖**——39g

**櫻桃酒（p.7）**——8g

**糖漿（p.17）**——35g

**草莓利口酒（p.7）**——35g

## 準備

・薄薄地切除海綿蛋糕的表層和底層，然後橫切成3片（p.17）。

・製作洋酒糖漿。將糖漿和草莓利口酒放入缽盆中，充分混合均勻。

## 作法

1 **切草莓**　以沾濕的紙巾輕輕擦拭草莓表面，將夾餡用的7顆草莓縱切成3～4片。

2 **製作發泡鮮奶油**　將鮮奶油、細砂糖和櫻桃酒放入缽盆中，隔著冰水打成5分發。取出240g，打成8分發。剩餘的發泡鮮奶油在最後潤飾時才會使用，所以暫時先放入冷藏室。

3 **組合**　用刷子將洋酒糖漿塗在整片海綿蛋糕上。

4 將最下層的海綿蛋糕放在蛋糕轉台上，在切面放上8分發的發泡鮮奶油1/6的量，以抹刀塗抹。將一半分量的夾餡用草莓鋪滿整個蛋糕。在草莓上方放上發泡鮮奶油1/6的量，以抹刀覆蓋起來。疊上中層的海綿蛋糕，從上方輕輕按壓。重複之前的步驟一次，再把最上層的海綿蛋糕疊上去。

5 **打底**　放上剩餘的發泡鮮奶油，用抹刀貼著中央位置，一邊旋轉蛋糕轉台一邊抹平。側面也用抹刀垂直貼著，一邊旋轉蛋糕轉台一邊塗抹開來。溢到蛋糕轉台上的發泡鮮奶油，則是一邊旋轉蛋糕轉台一邊用抹刀刮乾淨。

6 **最後潤飾**　將2中剩餘的發泡鮮奶油打至7分發，取出少許暫時保留，然後依照「打底」步驟，用抹刀以相同的方式塗抹。溢出上方邊緣的發泡鮮奶油，則用抹刀從外側往中央塗抹，把表面整平。

＊此外，也可以把裝飾刮板輕輕靠在側面，然後旋轉蛋糕轉台，劃出裝飾紋路（a）。

7 將刮下來且略為變硬的發泡鮮奶油和在6中保留的少許發泡鮮奶油混合，填入裝有8齒8號星形擠花嘴的擠花袋中，像寫「の」字般，在邊緣擠出一圈（b）。把草莓擺放在中央（c）。

果醬蛋糕

檸檬杯子蛋糕

# 果醬蛋糕卷

將海綿蛋糕的麵糊烤成平板蛋糕，然後一圈一圈地捲成蛋糕卷。除了果醬之外，把發泡鮮奶油捲起來也很好吃。捲的時候，如果蛋糕體裂開，就表示麵糊攪拌不足或是烘烤過度。請在捲的時候注意這點，檢視一下。

**材料** 20×20cm的平板蛋糕1片份
蛋——2個
細砂糖——60g
低筋麵粉——60g
無鹽奶油——20g
牛奶——15g
草莓果醬、藍莓果醬等（p.7）——適量

**準備**
· 將低筋麵粉過篩。
· 將奶油和牛奶放入缽盆中，隔水加熱溶化。直到使用之前都這樣放著備用。
· 製作尺寸為20×20cm的蒿半紙模具（p.11），鋪在長方形淺盤中。
· 將烤箱預熱至200℃。

## 作法

1 **製作麵糊** 將蛋打入缽盆中，用手持式電動攪拌器以高速打散成蛋液，然後加入細砂糖攪拌。

2 把缽盆直接放在瓦斯爐上，以微火加熱。用低速像畫圓般攪拌約20秒之後移離爐火。將缽盆傾斜地放置在濕布巾上，不時轉動缽盆，同時以高速打發起泡。開始產生粗大的氣泡之後，改以低速攪拌。舀起蛋糊讓它流下來，如果痕跡不會立刻消失並稍微殘留就OK了。

3 一口氣加入低筋麵粉，以橡皮刮刀攪拌約15次之後，將橡皮刮刀上的麵糊刮下來。再攪拌約5次，直到看不見粉粒為止，然後將橡皮刮刀上的麵糊刮乾淨。

4 將溶化的奶油和牛奶加入缽盆中攪拌。舀起麵糊讓它流下來，如果稍微重疊之後慢慢地融合在一起就是攪拌好了。

5 將麵糊倒入模具中（a）。以橡皮刮刀輕輕抹平表面。

6 **烘烤** 以200℃的烤箱烘烤約9分鐘。烤5分鐘左右時要對調模具的方向。烘烤完成後放在網架上，剝開全部的紙，但不要剝除。蓋上布巾，稍微放涼。最好趁還溫熱的時候開始捲蛋糕卷。

7 **最後潤飾** 為了更容易捲起來，用長尺輕輕抵在平板蛋糕上，壓出摺痕（b）。近身處間隔1cm，越往後面間隔要越大，最後面的間隔約3cm。

8 把果醬塗在整片平板蛋糕上，從近身處開始捲起（c）。捲到最後收口時輕輕勒緊，用紙包起來（d），放入冷藏室冷卻至定型為止。

# 檸檬杯子蛋糕

更換模具，把檸檬風味的海綿蛋糕麵糊製作成小小的杯子蛋糕。這裡雖是沾裹白巧克力，但以發泡鮮奶油裝飾也很可愛。

**材料**　直徑5.5cm的馬芬模具6個份

細砂糖——60g（分成5g和55g）

檸檬皮（磨碎）——1個份（大）

蛋——2個

低筋麵粉——60g

無鹽奶油——20g

牛奶——15g

糖漿（p.17）——25g

檸檬汁——8g

鏡面巧克力（白色）——50g

**準備**

- 將低筋麵粉過篩。
- 將奶油和牛奶放入缽盆中，隔水加熱溶化。直到使用之前都這樣放著備用。
- 預留少許檸檬皮作為裝飾用。
- 製作檸檬糖漿。將糖漿和檸檬汁放入缽盆中，充分混合均勻。
- 將鏡面巧克力隔水加熱融化。
- 將9號紙杯鋪在馬芬模具中。
- 將烤箱預熱至200℃。

## 作法

1. **製作麵糊**　將細砂糖5g和檸檬皮放在砧板上，以抹刀搓磨混合，沾染香氣（a），然後放回細砂糖中。

2. 將蛋打入缽盆，用手持式電動攪拌器以高速打散成蛋液，然後加入1攪拌。

3. 把缽盆直接放在瓦斯爐上，以微火加熱。用低速像畫圓般攪拌約20秒之後移離爐火。將缽盆傾斜地放置在濕布巾上，不時轉動缽盆，同時以高速打發起泡。開始產生粗大的氣泡之後，改以低速攪拌。舀起蛋糊讓它流下來，如果痕跡不會立刻消失並稍微殘留就OK了。

4. 一口氣加入低筋麵粉，以橡皮刮刀大幅度攪拌約15次之後，將橡皮刮刀上的麵糊刮下來。再攪拌約5次，直到看不見粉粒為止，然後將橡皮刮刀上的麵糊刮乾淨。

5. 將溶化的奶油和牛奶加入缽盆中攪拌。舀起麵糊讓它流下來，如果稍微重疊之後慢慢地融合在一起就是攪拌好了。

6. 將麵糊分成6等分，倒入模具中，以橡皮刮刀輕輕攪拌。

7. **烘烤**　將預熱至200℃的烤箱調降至190℃，烘烤約16分鐘。烤5分鐘左右時要對調模具的方向。烘烤完成後放在網架上，蓋上布巾放涼。

　　＊因為沒有把紙剝下來，所以表面會稍微凹陷。

8. **塗上糖漿**　用刷子把檸檬糖漿塗在6個杯子蛋糕的表面。

9. **沾裹白巧克力**　以橡皮刮刀攪拌已經融化的鏡面巧克力，使其稍微降溫。然後再拿起蛋糕沾裹於表面（b），放上裝飾用的檸檬皮（c）。

　　＊鏡面巧克力需以80℃左右的熱水隔水加熱融化後，冷卻至40～45℃再使用。如果沒有用完，可以冷藏留待下次使用。

巧克力甘納許蛋糕

鬆軟的巧克力蛋糕

# 巧克力甘納許蛋糕

將杏桃果醬塗在可可海綿蛋糕上，表面淋覆巧克力，做出像薩赫蛋糕一樣的成品。加入可可粉之後，蛋糕很容易消泡，所以要迅速攪拌。如果想做出更鬆軟的蛋糕，請使用L尺寸的蛋。

## 材料　直徑15cm的圓形模具1個份

| ・海綿蛋糕 | ・最後潤飾 |
|---|---|
| 蛋——2個 | 糖漿（p.17）——15g |
| 細砂糖——60g | 水——15g |
| 鹽——1撮 | 杏桃果醬——30g |
| 低筋麵粉——45g | 調溫巧克力（甜味）——40g |
| 可可粉*——15g | 鮮奶油（乳脂肪含量47%）——40g |
| 無鹽奶油——20g | |
| 牛奶——15g | |

*可可粉是使用不透光的袋裝純可可粉。放在冷藏室中保存。

## 準備

- 將低筋麵粉和可可粉混合，輕輕攪拌之後過篩。
- 將奶油和牛奶放入缽盆中，隔水加熱溶化。直到使用之前都這樣放著備用。
- 用濾篩過濾杏桃果醬。
- 將糖漿以水稀釋，製作成糖漿水。
- 在模具中塗抹奶油之後撒上高筋麵粉（皆為分量外），拍除多餘的麵粉，直到使用之前都放在冰箱冷藏（p.10）。
- 將烤箱預熱至180℃。

## 作法

1　**製作麵糊**　將蛋打入缽盆中，用手持式電動攪拌器以高速打散成蛋液，然後加入細砂糖和鹽攪拌。

2　把缽盆直接放在瓦斯爐上，以微火加熱。用低速像畫圓般攪拌約20秒之後移離爐火。將缽盆傾斜地放置在濕布巾上，不時轉動缽盆，同時以高速打發起泡。開始產生粗大的氣泡之後，改以低速攪拌。舀起蛋糊讓它流下來，如果痕跡不會立刻消失並稍微殘留就OK了。

3　加入低筋麵粉和可可粉，以橡皮刮刀攪拌約15次，將橡皮刮刀上的麵糊刮下。再攪拌約5次，直到看不見粉類，然後將橡皮刮刀上的麵糊刮乾淨。

4　將溶化的奶油和牛奶加入缽盆中攪拌。舀起麵糊讓它流下來，如果稍微重疊之後慢慢地融合在一起就是攪拌好了。

5　將麵糊倒入模具中，以橡皮刮刀輕輕攪拌表面。

6　**烘烤**　以180℃的烤箱烘烤約25分鐘。烤15分鐘左右時要對調模具的方向。烘烤完成後，輕輕敲叩模具底部和周圍，然後將模具翻過來，取出蛋糕。把蛋糕放在網架上，蓋上布巾，稍微放涼之後用保鮮膜輕輕包覆起來。

7　**組合**　將海綿蛋糕橫切成2片。用刷子全面塗抹糖漿水，然後在底面以外的各面塗上薄薄一層杏桃果醬（a）。將上下兩片海綿蛋糕疊合，暫時放入冰箱冷藏一下。

8　**淋上巧克力**　將大略切碎的調溫巧克力和鮮奶油放入缽盆中，隔水加熱，一邊攪拌一邊讓巧克力溶化。移離熱水，以橡皮刮刀攪拌，使其稍微降溫。

＊隔水加熱時，80℃左右為適當溫度。

9　將海綿蛋糕放在蛋糕轉台上，淋上8（b）。用抹刀貼著中央位置，一邊旋轉蛋糕轉台，一邊將淋在蛋糕上的巧克力抹平（c）。流到側面的調溫巧克力則是用抹刀垂直貼著，一邊旋轉蛋糕轉台一邊塗抹開來。多餘的調溫巧克力以抹刀刮乾淨（d）。移入盤子中，放入冷藏室1小時冷卻定型。

＊多餘的調溫巧克力，可以用叉子沾取後在蛋糕上面畫出紋路，或是以熱牛奶溶化之後做成美味的巧克力熱飲。
＊也可在發泡鮮奶油中加入少許喜愛的白蘭地，添附在蛋糕旁。

a

b

c

d

# 鬆軟的巧克力蛋糕

以不使用奶油等油脂，只用蛋、麵粉和砂糖烤成的鬆軟海綿蛋糕，做出滋味令人懷念的巧克力蛋糕。將粉類過篩2～3次是把這個蛋糕做得好吃的訣竅。

**材料** 22×20cm的平板蛋糕1片份

| ·海綿蛋糕 | ·最後潤飾 |
|---|---|
| 蛋⋯⋯2個 | 調溫巧克力（甜味）⋯⋯75g |
| 蛋黃⋯⋯1個份 | 鮮奶油（乳脂肪含量47%）⋯⋯200g |
| 細砂糖⋯⋯30g | （分成20g和180g） |
| 低筋麵粉⋯⋯22g | 裝飾用調溫巧克力⋯⋯適量 |
| 可可粉⋯⋯8g | |

**準備**

· 將低筋麵粉和可可粉混合，輕輕攪拌之後過篩2～3次。

· 製作尺寸為22×20cm的蒿半紙模具（p.11），鋪在長方形淺盤中。

· 將烤箱預熱至210℃。

## 作法

1. **製作麵糊** 將蛋和蛋黃放入缽盆中，用手持式電動攪拌器以高速打散成蛋液，然後加入細砂糖攪拌。

2. 把缽盆直接放在瓦斯爐上，以微火加熱。用低速像畫圓般攪拌約20秒之後移離爐火。將缽盆傾斜地放置在濕布巾上，不時轉動缽盆，同時以高速打發起泡。開始產生粗大的氣泡之後，改以低速攪拌。舀起蛋糊讓它流下來，如果痕跡不會立刻消失並稍微殘留就OK了。

3. 一口氣加入低筋麵粉和可可粉，以橡皮刮刀攪拌約60次。舀起麵糊讓它流下來，如果稍微重疊之後慢慢地融合在一起就是攪拌好了。

4. 將麵糊倒入模具中，以橡皮刮刀輕輕攪拌表面。

5. **烘烤** 以210℃的烤箱烘烤約8分鐘。烘烤完成後放在網架上，剝開全部的紙，但不要剝除。蓋上布巾，放涼。

6. **製作巧克力發泡鮮奶油** 將大略切碎的調溫巧克力和鮮奶油20g放入缽盆中，隔水加熱，一邊攪拌一邊讓巧克力溶化。移離熱水，以橡皮刮刀攪拌，使其稍微降溫。

7. 將鮮奶油180g放入另一個缽盆中，隔著冰水打成7分發。移離冰水，加入6，以打蛋器攪拌至調溫巧克力均勻分布在全體中，然後改用橡皮刮刀繼續攪拌，把巧克力發泡鮮奶油拌勻。

8. **組合** 將海綿蛋糕長的一邊橫放，切成3等分。以橡皮刮刀將2/3量的巧克力發泡鮮奶油塗在整個海綿蛋糕上（a），然後將3片蛋糕重疊在一起（b）。將其餘的巧克力發泡鮮奶油塗在側面（c），粗略地完成整體批覆。開瓦斯爐，將裝飾用調溫巧克力稍微烘一下，以刀背削下巧克力做成裝飾用的巧克力刨花（d）。在最後潤飾時，將巧克力刨花從上方大量撒落。

# 糖漬橙皮奶油蛋糕

在拌入糖漬橙皮的海綿蛋糕上塗抹鹹味奶油霜，
製成有如常溫糕點般的蛋糕。

**材料** 15cm的方形模具1個份

蛋......2個

細砂糖......50g

低筋麵粉......60g

無鹽奶油......20g

牛奶......15g ＊也可以使用柳橙汁。

糖漬橙皮......25g

糖漿（p.17）......10g

水......10g

蛋白奶油霜（p.39）......30g

**準備**

・將低筋麵粉過篩。

・將奶油和牛奶放入缽盆中，隔水加熱溶化。將糖漬橙
　皮切成細末（a），然後混入其中。

・將糖漿以水稀釋，製作成糖漿水。

・將薬半紙鋪在模具中（p.11）。

・將烤箱預熱至180℃。

## 作法

1　**製作麵糊**　依照p.16「海綿蛋糕」的*1～4*步驟製
　　作，將麵糊倒入模具，用刮刀輕輕攪拌表面。

2　**烘烤**　以180℃的烤箱烘烤約25分鐘。烤12分鐘左
　　右時要對調模具的方向。烘烤完成後放在網架上，
　　剝開全部的紙，但不要剝除。蓋上布巾，稍微放
　　涼。用保鮮膜輕輕包覆起來。

3　**最後潤飾**　將表層薄薄地切除，用刷子全面塗抹
　　糖漿水。縱切成一半。其中一半塗上蛋白奶油霜
　　（b），對齊後重疊在一起（c）。用保鮮膜包起
　　來，放在冰箱冷藏30分鐘。將有烤色的側面薄薄地
　　切除，然後切成2～3cm寬。

# 甘薯蒙布朗蛋糕

把大量的甘薯奶油醬放在果醬蛋糕卷的上面，變身成蒙布朗風格的蛋糕。

材料　6個份

果醬蛋糕卷（p.28）⋯⋯6片（厚2cm）

鮮奶油（乳脂肪含量47%）⋯⋯100g

細砂糖⋯⋯10g

卡士達醬（p.21）⋯⋯72g

糖漬栗子⋯⋯1個半

・甘薯奶油醬

甘薯⋯⋯1條（中的，約200g）

鮮奶油（乳脂肪含量47%）⋯⋯50g

無鹽奶油⋯⋯15g

細砂糖⋯⋯15g　＊如果甘薯很甜的話，可以不加砂糖。

作法

1　**製作甘薯奶油醬**　在鍋中加入水煮沸，放入甘薯煮大約25分鐘。煮至竹籤可以迅速插入之後，用鋁箔紙包住甘薯，以180℃的烤箱烘烤約30分鐘，然後趁熱去皮。

2　將甘薯150g、鮮奶油、奶油和細砂糖放入食物調理機中攪拌。變得滑順之後取出，置於缽盆中放涼。

　　＊如果因甘薯水分多而過於柔軟的話，可以移入鍋中以中火加熱，讓水分蒸發。

3　將2裝入厚的塑膠保存袋中，以竹籤取出間隔戳幾個洞（a）。

4　**製作發泡鮮奶油**　將鮮奶油和細砂糖放入缽盆中，隔著冰水打成9分發。

5　**最後潤飾**　將切成厚2cm的果醬蛋糕卷橫向放置，

以湯匙挖取約1大匙的卡士達醬，放在蛋糕卷的正中央。用發泡鮮奶油包覆住卡士達醬，再以抹刀整成山狀。

6　將甘薯奶油醬自塑膠保存袋中擠出，縱向3次，橫向3次（b）。在正中央放置切成4等分的糖漬栗子。

## 鄉村麵包BISKIE

在外觀很像鄉村麵包（Pain de Campagne）的海綿蛋糕中，夾入大量奶油和水果做成的法式家庭糕點。因為要仿製麵包，所以故意做成凹凸不平的模樣。作法豪邁，不用細心修飾就能完成，所以不會失敗。即使只搭配卡士達醬和發泡鮮奶油也十分美味。

# 02 基本的分蛋法麵糊

蛋黃和蛋白分開打發製成的麵糊，含有大量空氣，口感鬆軟。製作重點在於蛋白霜的打發方法，以及與蛋黃糊混合的方法。依據麵糊的不同，分別使用「軟式蛋白霜」和「硬式蛋白霜」。

**材料**　直徑15cm的圓形圈模1個份

蛋黃——2個份

黍砂糖——35g（分成10g和25g）

蛋白——2個份

低筋麵粉——40g

最後潤飾用的糖粉、低筋麵粉——各1小匙

卡士達醬（p.21）——適量（約70～90g）

喜愛的水果——適量

鮮奶油（乳脂肪含量47%）——100g

細砂糖——10g

**準備**

・將低筋麵粉過篩。

・將喜愛的水果切成容易食用的大小。

・將鮮奶油和細砂糖放入缽盆中，隔著冰水打成9分發的發泡鮮奶油。

・在直徑15cm的圓形圈模（沒有的話，以鋁箔紙製作／p.11）中塗抹奶油之後撒上高筋麵粉（皆為分量外），拍除多餘的麵粉，然後放在鋪有烘焙紙的長方形淺盤上。

・將烤箱預熱至180℃。

---

## 1 製作蛋黃糊

將蛋黃放入較大的缽盆中以打蛋器打散，加入黍砂糖10g之後攪拌至顏色泛白為止。

## 2 製作軟式蛋白霜

將蛋白放入另一個缽盆中，隔著冰水，用手持式電動攪拌器以高速打發起泡。稍微立起尖角之後，將黍砂糖25g分成3次加入。打發至尖角挺立為止（p.38「軟式蛋白霜」）。

## 3 與蛋黃糊混合

將1/3量的蛋白霜加入蛋黃糊中，以橡皮刮刀混拌至大略均勻的程度。

加入低筋麵粉，以橡皮刮刀混拌至大略均勻之後，將橡皮刮刀刮乾淨。

把剩餘的蛋白霜全部加進去。

輕輕混拌至看不見粉粒為止。

## 4 烘烤

完成的麵糊。即使有乾乾的結塊殘留也沒關係，不要過度混拌。

在模具的中央將麵糊倒成山狀。
＊沒有倒滿模具的角落也沒關係。

以小濾網篩撒糖粉。

以小濾網篩撒低筋麵粉。

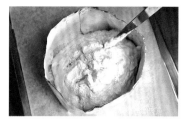

用刀子在表面劃入切痕，縱向2道，橫向2道。以180℃的烤箱烘烤約23分鐘。烤12分鐘左右時要對調模具的方向。

烘烤完成之後，移除模具，放在網架上。冷卻之後，橫切成上下兩半。將卡士達醬塗在下半部，放上水果和發泡鮮奶油，再蓋上上半部的蛋糕片。

---

# 蛋白霜的打發方法

本書使用2種蛋白霜。

**口感佳的「軟式蛋白霜」**→使用於戚風蛋糕等口感鬆軟的糕點。質地柔軟，既能維持形狀又入口即化。重點在於稍微打發起泡之後再加入砂糖。攪拌時很脆弱，容易消泡。

**有黏性的「硬式蛋白霜」**→使用於磅蛋糕等沉甸甸的蛋糕體，或洋梨蛋糕卷（p.41）等形狀分明的蛋糕體。重點在於切斷蛋白的稠狀連結之後就立刻加入砂糖。即使攪拌，氣泡也不易消失，質地細緻的蛋白霜會結實地支撐住蛋糕體。

**軟式蛋白霜**

**作法**

*1* 將蛋白放入缽盆中，隔著冰水打發。

*2* 用手持式電動攪拌器以高速打發約30秒～1分鐘之後，將砂糖分成數次加入，每次加入時都要輕輕攪拌約3秒。

*3* 保持高速，充分打發至蛋白霜沾黏著攪拌棒。以1個份的蛋白攪拌1分鐘～1分鐘半為基準。

**硬式蛋白霜**

*Point*

如果有多餘的蛋白，可以裝入保鮮袋中冷凍保存。已經冷凍保存的蛋白，配合所需要的公克數，「啪」地一聲摺斷就能使用。食譜中若需要額外使用蛋白時，這種冷凍蛋白即可派上用場。可以保存半年左右。

*2* 用手持式電動攪拌器以高速攪拌5秒，切斷蛋白的稠狀連結，1個份的蛋白加入砂糖1小匙，然後以高速打發約20秒～30秒。剩餘的砂糖分成數次，盡早加入完畢。

*3* 維持高速，以1個份的蛋白攪拌1分鐘半為基準，充分打發至蛋白霜沾黏著攪拌棒。打發完成的蛋白霜具有光澤和黏性，尖角挺立，角的前端呈彎勾狀。

＊若繼續打發下去，會變成「軟式蛋白霜」。

# 奶油霜的作法

本書使用2種奶油霜。拌入蛋白霜的奶油霜味道清爽，而全蛋的奶油霜味道香醇。多餘的奶油霜可以冷凍保存，要使用的時候先移至冷藏室解凍，然後重新攪拌之後再使用。

## ・蛋白奶油霜 (在p.34「糖漬橙皮奶油蛋糕」中使用)

**材料** 容易製作的分量
蛋白——20g
細砂糖——35g
鹽*——1g
無鹽奶油——50g

*不加鹽的話，可以當成普通的奶油霜享用。

**作法**

1. 將蛋白放入缽盆中，用手持式電動攪拌器以高速切斷蛋白的稠狀連結。將細砂糖和鹽分成4次加入，打發至立起尖角（p.38「硬式蛋白霜」）。

2. 用可將缽盆泡在裡面的大鍋子煮沸一鍋水後改為小火，將1隔水加熱。以高速攪拌約30秒，到可以看見缽盆底部時（a），將缽盆從熱水中移出。此時蛋白霜會淡淡地散發出像水煮蛋的氣味。持續攪拌至冷卻。

3. 將奶油放入另一個缽盆中，用手持式電動攪拌器攪拌成髮蠟狀。
   ＊所謂髮蠟狀，指的是像滑順的美乃滋一樣的狀態。

4. 加入2（b），以高速稍微攪拌。然後以橡皮刮刀將全體攪拌均勻（c）即完成（d）。

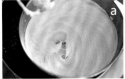 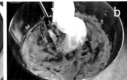 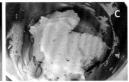 

## ・全蛋奶油霜 (在p.77「蝴蝶杯子蛋糕」中使用)

**材料** 容易製作的分量
蛋——1/2個（25g）
細砂糖——45g
　　（分成10g和35g）
水——15g
無鹽奶油——75g

**作法**

1. 將蛋和細砂糖10g放入較小的缽盆中，用手持式電動攪拌器以高速攪拌至顏色泛白為止（a），將缽盆稍微傾斜地放置在濕布巾上備用。

2. 將細砂糖35g和水放入小鍋子中攪拌，以中火加熱，變成透明狀之後大約30秒，冒出大氣泡時（b），即可移離爐火。

3. 以高速將1打發起泡，同時將2一點一點地加進去。全部加完之後，繼續打發至溫度降下來為止。

4. 將奶油放入另一個缽盆中，用手持式電動攪拌器攪拌成髮蠟狀。

5. 加入一半分量的3，以高速攪拌（c）。融合之後加入剩餘的3，用相同的方式攪拌。以橡皮刮刀將全體攪拌均勻即完成（d）。

# 洋梨蛋糕卷

以擠花嘴擠出來的平板蛋糕做成的蛋糕卷，口感輕盈，凹凸起伏的立體表情很可愛。因為使用味道清爽的洋梨罐頭，所以搭配乳脂肪含量35%、口感輕盈的發泡鮮奶油。罐頭則推薦大家使用明治屋的「洋梨」。

**材料** 24×26cm的平板蛋糕1片份

蛋黃——2個份

細砂糖——65g（分成20g和45g）

蛋白——2個份

低筋麵粉——65g

糖粉——適量

A {
鮮奶油（乳脂肪含量35%）——110g

細砂糖——11g
}

洋梨（罐頭）——切成一半的洋梨2個半（約160g）

**準備**

‧將低筋麵粉過篩。

‧將烤箱預熱至200℃。

## 作法

1. **製作蛋黃糊** 將蛋黃和細砂糖20g放入缽盆中，以打蛋器攪拌至顏色泛白為止。

2. **製作蛋白霜** 將蛋白放入另一個缽盆中，隔著冰水用手持式電動攪拌器以高速切斷蛋白的稠狀連結。將細砂糖45g分成4次加入，打發起泡（p.38「硬式蛋白霜」）。

3. **與蛋黃糊混合** 舀起1勺蛋白霜加入蛋黃糊中，以橡皮刮刀輕輕混拌。一口氣加入低筋麵粉，混拌至大略均勻之後，將橡皮刮刀刮乾淨。把剩餘的蛋白霜全部加進去，攪拌至看不見粉粒為止。不要過度混拌。

4. 將麵糊填入已裝上口徑1cm圓形擠花嘴的擠花袋中。將烤盤倒扣，鋪上烘焙紙，然後以24×26cm的大小為標準，斜斜地擠出麵糊（a）。剩餘的麵糊擠在邊緣當成邊框（b）。以小濾網篩撒大量糖粉（c）。

＊擠出麵糊時，在擠出的線條之間留下極小的間距，烘烤完成後的紋路會變得更加立體。
＊擠花嘴的口徑大小會影響平板蛋糕的厚度，所以擠出麵糊的時候請不要捏著擠花嘴。

5. **烘烤** 以200℃的烤箱烘烤約8分鐘。烤4分鐘左右時要對調模具的方向。烘烤完成後放在網架上，剝開全部的紙但不要剝除，放涼。

6. **製作餡料** 將A放入缽盆中，隔著冰水打成9分發的發泡鮮奶油。瀝乾洋梨的汁液，切成略大的丁狀。

7. **組合** 在平板蛋糕的整個底面塗上發泡鮮奶油。將洋梨丁擺放在上面，以抹刀將洋梨丁埋入發泡鮮奶油中。

＊蛋糕卷最後收口的地方薄薄地塗上發泡鮮奶油即可。

8. 從近身處開始捲起（d），最後收口時輕輕勒緊，用紙包起來，放在冷藏室冷卻至定型為止。最後潤飾時，以小濾網篩撒糖粉。

原味戚風蛋糕
生薑戚風蛋糕

肉桂戚風蛋糕
摩卡巧克力戚風蛋糕

# 原味戚風蛋糕

Q彈、輕盈、濕潤，散發濃郁雞蛋風味的戚風蛋糕。烘烤完成的戚風蛋糕，如果發生向側面爆裂開來，或是冷卻之後圓筒部分凹陷的情形，就是蛋白霜打發不足。若要添加發泡鮮奶油，建議最好使用乳脂肪含量35%的鮮奶油。

**材料** 直徑17cm的戚風蛋糕模具1個份

蛋黃——4個份

黍砂糖——65g（分成20g和45g）

水——50g

米油——40g

低筋麵粉——65g

蛋白——145g（4個份+額外的蛋白）

**準備**
- 將低筋麵粉過篩。
- 將烤箱預熱至180℃。

---

① 製作蛋黃糊 ————————————————————————————

將蛋黃放入缽盆中，以打蛋器打散之後加入黍砂糖20g。用打蛋器攪拌至顏色泛白為止。

加入水，輕輕攪拌，然後加入米油，再繼續攪拌。

一口氣加入低筋麵粉。

---

充分攪拌至看不見粉粒為止。

② 製作軟式蛋白霜 ————————

將蛋白放入另一個缽盆中，隔著冰水用手持式電動攪拌器以高速打發起泡。稍微立起尖角之後，將黍砂糖45g分成5次加入。打發時間以大約4分鐘為基準（p.38「軟式蛋白霜」）。

③ 與蛋黃糊混合 ————————

將1/4量的蛋白霜加入蛋黃糊中，以打蛋器充分攪拌。

倒回蛋白霜的缽盆中。

以橡皮刮刀混拌40～50次之後，將橡皮刮刀刮乾淨。

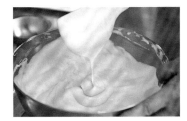
出現光澤之後，舀起麵糊讓它流下來，如果麵糊會重疊，而且搖晃缽盆會稍微流渦，就是完成了。

④ 烘烤

倒入模具中，使用1根長筷從內側往外側一圈一圈地攪拌，將麵糊整平。

然後一邊畫小圓圈一邊繞一周攪拌，弄破大氣泡。

用刀子呈放射狀劃入9道切痕。以預熱至180℃的烤箱烘烤約30分鐘。烤15分鐘左右時要對調模具的方向。
＊如果火力很強的話，在10分鐘前可以調降10℃。

⑤ 冷卻

烘烤完成之後立刻將模具倒扣，置於馬克杯的底部等處。放涼之後，放進冰箱冷藏2小時。

⑥ 脫模

為了在模具和蛋糕體之間製造出空隙，將蛋糕體的邊緣往內側緊緊按壓。

將抹刀緊貼著模具內側剝離蛋糕體。重複進行這個動作，沿著模具內側繞一圈。

中心的圓筒部分也以相同的方式脫模，如果有刀面較窄的抹刀，將抹刀緊貼著圓筒剝離蛋糕體。重複進行這個動作，沿著圓筒繞一圈。

取出蛋糕之後，為了在模具底部和蛋糕體之間製造出空隙，將蛋糕體往下方稍微緊壓。

將刀子緊貼著模具底部插入，抵著中心的圓筒部分繞一圈。
＊分離蛋糕體和底部時，使用刀子能讓成品更美觀。

# 肉桂戚風蛋糕

肉桂風味濃郁的戚風蛋糕。請注意，不要過度混拌。附上發泡鮮奶油一起享用的話，會更加美味喔！

**材料**　直徑17cm的戚風蛋糕模具1個份
蛋黃——4個份
黍砂糖——65g（分成20g和45g）
水——50g
米油——40g
A｜低筋麵粉——57g
　｜肉桂粉——8g
蛋白——145g（4個份+額外的蛋白）

**準備**
・與p.44「原味戚風蛋糕」的準備工作相同。

**作法**
1　依照p.44「原味戚風蛋糕」的1～2步驟，以相同的方式製作。在加入低筋麵粉的步驟，把A加進去。
2　舀起1勺蛋白霜加入蛋黃糊中，以打蛋器充分攪拌。將其倒回蛋白霜的缽盆中。以橡皮刮刀混拌約40次之後，將橡皮刮刀刮乾淨。舀起麵糊讓它流下來，如果麵糊會重疊，而且搖晃缽盆會稍微流淌，就是完成了。
3　依照p.44「原味戚風蛋糕」的4～6步驟，以相同的方式製作。

---

# 生薑戚風蛋糕

使用以蜂蜜熬煮成的蜜漬薑片製成的戚風蛋糕，有著令人懷念的味道。蜜漬薑片的分量可以隨自己的喜好調整。

**材料**　直徑17cm的戚風蛋糕模具1個份
蛋黃——4個份
黍砂糖——60g（分成15g和45g）
水——50g
米油——40g
A｜低筋麵粉——65g
　｜生薑粉——4g
蜜漬薑片（p.7）——55g
蛋白——145g（4個份+額外的蛋白）

**準備**
・瀝除蜜漬薑片的糖漿之後，切成細絲。
・與p.44「原味戚風蛋糕」的準備工作相同。

**作法**
1　將蛋黃放入缽盆中，以打蛋器打散之後加入黍砂糖15g，攪拌至顏色泛白為止。加入水和米油後輕輕攪拌。一口氣加入A和蜜漬薑片，攪拌至看不見粉粒為止。
2　依照p.44「原味戚風蛋糕」的2～6步驟，以相同的方式製作。

---

# 摩卡巧克力戚風蛋糕

因為光使用咖啡做不出想要的味道，所以必須添加脫脂奶粉。雖然作法與戚風蛋糕一樣，但是成品會像海綿蛋糕那樣較為扎實。

**材料**　直徑17cm的戚風蛋糕模具1個份
蛋黃——4個份
黍砂糖——65g（分成20g和45g）
水——55g
米油——40g
低筋麵粉——65g
脫脂奶粉（p.7）——18g
即溶咖啡（p.7）——5g
烘焙用巧克力豆——45g
蛋白——145g（4個份+額外的蛋白）

**準備**
・與p.44「原味戚風蛋糕」的準備工作相同。

**作法**
1　將蛋黃放入缽盆中以打蛋器打散，加入黍砂糖20g之後，攪拌至顏色泛白為止。加入水和米油後輕輕攪拌。一口氣加入低筋麵粉、脫脂奶粉和即溶咖啡，攪拌至看不見粉粒為止。
2　依照p.44「原味戚風蛋糕」的2～3步驟，以相同的方式製作。
3　先將少許麵糊倒入模具中攤平。在剩餘的麵糊中拌入巧克力豆，然後倒入模具中。接著，依照p.44「原味戚風蛋糕」的4～6步驟，以相同的方式製作。

＊先將少許未加巧克力豆的麵糊倒入模具中攤平，可以預防巧克力豆浮出麵糊表面。

# 奶茶戚風蛋糕卷

把戚風蛋糕麵糊烤成平板蛋糕，然後做成蛋糕卷。
以奶油代替米油，會散發較為濃郁的香氣。

**材料** 22×18cm的平板蛋糕1片份

伯爵紅茶的茶包——2個

滾水——20g

牛奶——適量

蛋黃——2個份

黍砂糖——35g（分成10g和25g）

無鹽奶油——10g

低筋麵粉——35g

蛋白——2個份

| 鮮奶油（乳脂肪含量47%）
A | ——70g
| 黍砂糖——7g

**準備**

・將低筋麵粉過篩。

・將奶油隔水加熱融化，就這樣放著備用。

・製作尺寸為22×18cm的蒿半紙模具，鋪在長方形淺盤中（p.11）。

・將烤箱預熱至200℃。

## 作法

1 **製作紅茶液** 將茶包1個和滾水倒入缽盆中，放置2分鐘。擠壓茶包之後取出，加入牛奶，將分量補足至20g。

  ＊即使只需添加少量牛奶，也請務必加入。

2 **製作麵糊** 將蛋黃放入缽盆中，以打蛋器打散之後加入黍砂糖10g，攪拌至顏色泛白為止。加入1、1個茶包分量的茶葉、融化的奶油，然後輕輕攪拌。一口氣加入低筋麵粉，以橡皮刮刀攪拌至看不見粉粒為止。

3 依照p.44「原味戚風蛋糕」的2～3步驟，以相同的方式製作。

4 **烘烤** 倒入模具中，以橡皮刮刀抹平表面。用200℃的烤箱烘烤約8分鐘。烤4分鐘左右時要對調

模具的方向。

5 烘烤完成後放在網架上，剝開全部的紙，但不要剝除。蓋上布巾，稍微放涼。

6 **製作發泡鮮奶油** 將A放入缽盆中，隔著冰水打成8～9分發。

7 **組合** 為了方便捲起來，用長尺輕輕抵在平板蛋糕上，壓出摺痕。距離近身處1cm，越往後面間隔越大，最後面的間隔約3cm。

8 將發泡鮮奶油塗在整片平板蛋糕上，從近身處開始捲起。捲到最後收口時輕輕勒緊，用紙包起來，放入冷藏室冷卻至定型為止。

# 入口即化紅豆蛋糕卷

沒有添加水分、麵粉的量也盡量減少的蛋糕體，口感出乎意料地柔軟。
在最後一道工序時，請輕柔地將它捲起來。

# 入口即化抹茶蛋糕卷

在抹茶蛋糕中夾入白巧克力發泡鮮奶油。請務必使用真正的抹茶製作，品
嚐豐富的風味。一開始先將抹茶與砂糖混合，就能呈現出漂亮的色澤。

# 入口即化紅豆蛋糕卷

**材料** 22×28cm的平板蛋糕1片份

蛋黃——4個份

黍砂糖——60g（分成20g和40g）

蛋白——4個份

低筋麵粉——40g

米油——15g

鮮奶油（乳脂肪含量47%）——100g

紅豆沙餡（p.7）——100g

**準備**

· 將低筋麵粉過篩。

· 製作尺寸為22×28cm的烘焙紙模具，鋪在長方形淺盤中（p.11）。

· 將烤箱預熱至200℃。

## 作法

1. **製作蛋黃糊** 將蛋黃放入缽盆中以打蛋器打散，加入黍砂糖20g之後攪拌至顏色泛白為止。

2. **製作蛋白霜** 將蛋白放入另一個缽盆中，隔著冰水用手持式電動攪拌器以高速打發起泡。稍微立起尖角之後，將黍砂糖40g分成4次加入。打發至尖角挺立為止（p.38「軟式蛋白霜」）。

3. **與蛋黃糊混合** 將蛋黃糊全部倒入蛋白霜之中，以打蛋器輕輕攪拌。

4. 加入低筋麵粉，以橡皮刮刀攪拌至看不見粉粒為止。加入米油，攪拌至米油分布在全體之中。

5. **烘烤** 倒入模具中，以橡皮刮刀輕輕抹平表面。用200℃的烤箱烘烤約8～9分鐘。烤5分鐘左右時要對調模具的方向。

6. 烘烤完成後放在網架上，剝開全部的紙，但不要剝除。蓋上布巾，稍微放涼。

7. **製作紅豆發泡鮮奶油** 將鮮奶油放入缽盆中，隔著冰水打至7分發。加入紅豆沙餡攪拌。

8. **組合** 將7塗在整片平板蛋糕上，從近身處開始輕輕捲起來。用紙包起來，放在冷藏室冷卻至定型為止。

# 入口即化抹茶蛋糕卷

**材料** 22×28cm的平板蛋糕1片份

抹茶（p.7）——6g

黍砂糖——60g（分成20g和40g）

蛋黃——4個份

蛋白——4個份

低筋麵粉——40g

米油——15g

鮮奶油（乳脂肪含量47%）——100g（分成10g和90g）

調溫巧克力（白色）——25g

**準備**

· 將抹茶過篩。

· 將調溫巧克力和鮮奶油10g放入缽盆中，隔水加熱溶化。

· 除了上述事項之外，與「入口即化紅豆蛋糕卷」的準備工作相同。

## 作法

1. **製作蛋黃糊** 將抹茶放入小缽盆中，加入黍砂糖20g，以小型橡皮刮刀研磨混合。

   ＊事先將顆粒細小的抹茶充分地與黍砂糖混合均勻，能讓成品呈現出漂亮的色澤。

2. 將蛋黃放入另一個缽盆中以打蛋器打散，加入1攪拌。

3. 依照「入口即化紅豆蛋糕卷」的2～6步驟，以相同的方式製作。

4. **製作巧克力發泡鮮奶油** 將鮮奶油90g放入缽盆中，隔著冰水打至7分發。把已經溶入調溫巧克力的鮮奶油加入攪拌。

5. **組合** 將4塗在整片平板蛋糕上，從近身處開始輕輕捲起來。用紙包起來，放在冷藏室冷卻至定型為止。

# 無麵粉巧克力蛋糕卷

因為可可粉的含量很少，所以入口即化。
夾入了味道非常契合的乳酪鮮奶油霜作為內餡。

材料　16×16cm的平板蛋糕1片份

| | |
|---|---|
| 蛋黃——2個份 | 調溫巧克力（甜味）——15g |
| 細砂糖——30g | 可可粉——18g |
| （分成10g和20g） | A　奶油乳酪——18g |
| 蛋白——2個份 | 　細砂糖——6g |
| 米油——10g | 鮮奶油（乳脂肪含量47%）——50g |

準備
・將可可粉過篩。
・將調溫巧克力放入缽盆中，隔水加熱融化，就這樣放著備用。
・製作尺寸為16×16cm的蒿半紙模具，鋪在長方形淺盤中（p.11）。
・將烤箱預熱至200℃。

作法

1 **製作蛋黃糊**　將蛋黃放入小缽盆中，用手持式電動攪拌器以高速打散，加入細砂糖10g之後攪拌至顏色泛白為止。

2 **製作蛋白霜**　將蛋白放入另一個缽盆中，隔著冰水用手持式電動攪拌器以高速打發起泡。稍微立起尖角之後，將細砂糖20g分成2次加入。打發至尖角挺立為止（p.38「軟式蛋白霜」）。

3 **與蛋黃糊混合**　將米油加入1之中攪拌，再加入已經融化的調溫巧克力，繼續攪拌。加入可可粉和1勺蛋白霜，以打蛋器充分攪拌。將剩餘的蛋白霜全部加入，以橡皮刮刀輕輕混拌。

4 **烘烤**　倒入模具中，以橡皮刮刀輕輕抹平表面。用200℃的烤箱烘烤約9分鐘。烤5分鐘左右時要對調模具的方向。烘烤完成後放在網架上，剝開全部的紙，但不要剝除。蓋上布巾，稍微放涼。

5 **製作乳酪鮮奶油霜**　將A放入較小的缽盆中，以橡皮刮刀攪拌之後，直接移到瓦斯爐上，用微火加熱，攪拌成柔軟的糊狀。把鮮奶油放入另一個缽盆中，隔著冰水打至7分發，加入糊狀的奶油乳酪迅速攪拌。

6 **組合**　在平板蛋糕上以均等的間隔壓入4道摺痕，然後將乳酪鮮奶油霜全部塗抹在正中央。提起蛋糕兩端，將鮮奶油霜包起來，以紙包捲後，外層再包覆保鮮膜，放在冷藏室冷卻至定型為止。要享用之前以小濾網篩撒可可粉（分量外）。

# 鬆軟的鬆餅

混入蛋白霜，就能做出像舒芙蕾般的鬆軟口感。
建議附上發泡鮮奶油和蘋果果醬一起享用。

材料　直徑15cm的1片份

蛋黃⋯⋯ 1個份（L尺寸）　　　泡打粉

牛奶⋯⋯30g　　　　　　　　⋯⋯1g（1/4小匙）

香草油⋯⋯1滴　　　　　　　蛋白⋯⋯1個份（L尺寸）

低筋麵粉⋯⋯10g　　　　　　細砂糖⋯⋯10g

高筋麵粉⋯⋯10g　　　　　　鹽⋯⋯1撮

準備

・將低筋麵粉、高筋麵粉和泡打粉混合之後過篩。
・將細砂糖和鹽混合。

作法

1 **製作蛋黃糊**　將蛋黃放入較小的缽盆中，以較小的打
　蛋器打散，再將牛奶分成3～4次加入攪拌。加入香草
　油輕輕混拌。

2 將粉類放入另一個缽盆中，加入1/2量的 *1*，以小型打
　蛋器充分攪拌。將剩餘的 *1* 全部加入之後充分攪拌。

3 **製作蛋白霜**　將蛋白放入另一個缽盆中，隔著冰水用
　手持式電動攪拌器以高速打發起泡。稍微立起尖角
　之後，加入細砂糖和鹽，打發至尖角挺立為止（p.38
　「軟式蛋白霜」）。

4 **與蛋黃糊混合**　將1/4量的蛋白霜加入蛋黃糊中，以打
　蛋器充分攪拌。

5 將適量的米油（分量外）倒入18cm的鐵氟龍平底鍋
　中，以微火加熱備用。

6 將 *4* 倒回蛋白霜的缽盆中，以橡皮刮刀輕輕攪拌大約
　10次。攪拌至還有少許蛋白霜殘留的程度（a）。

7 **烘烤**　將 *5* 的平底鍋放在濕布巾上，發出「啾」的一
　聲之後倒入麵糊，將麵糊攤開，並將表面整平（b）。
　蓋上鍋蓋，以微火烘烤5～7分鐘，翻面之後，不蓋鍋
　蓋烘烤4～5分鐘。

＊如果沒有可以配合鬆餅高度的鍋蓋，請以蛋糕模具或鋁箔紙代替。

# 草莓香蕉歐姆蛋卷

在蓬鬆柔軟的歐姆蛋蛋糕片中，夾入大量發泡鮮奶油和水果。大口吃進嘴裡，滿滿都是幸福的滋味。擠入卡士達醬作為夾餡也很美味。把蛋糕片疊起來，還能做成小型的裝飾蛋糕。請以烤色為依據，決定蛋糕片出爐的時間。

**材料** 直徑12cm 的5片份

| | |
|---|---|
| 蛋白⋯⋯3個份（約105g） | 鮮奶油 |
| 細砂糖⋯⋯35g | A （乳脂肪含量47%）⋯⋯100g |
| （分成25g和10g） | 細砂糖⋯⋯10g |
| 蛋黃⋯⋯2個份 | 草莓⋯⋯8顆 |
| 蜂蜜⋯⋯10g | 香蕉⋯⋯1根半 |
| 低筋麵粉⋯⋯35g | |
| 牛奶⋯⋯15g | |
| 米油⋯⋯10g | |

**準備**

- 將12cm的圓形模具放在烘焙紙上，裁切出5張比模具大1cm的紙片。將紙片嵌入圓形模具中，1cm的部分立起來（A）。
- 將低筋麵粉過篩。
- 將烤箱預熱至190℃。

## 作法

1. **製作蛋白霜** 將蛋白放入缽盆中，隔著冰水用手持式電動攪拌器以高速打發起泡。稍微立起尖角之後，將細砂糖25g分成2次加入。打發至尖角挺立為止（p.38「軟式蛋白霜」）。

2. **製作蛋黃糊** 將蛋黃放入另一個缽盆中以打蛋器打散，加入細砂糖10g和蜂蜜之後，打發約1分鐘。

3. **與蛋黃糊混合** 將蛋黃糊全部倒入蛋白霜中，以打蛋器充分攪拌（a）。

4. 加入低筋麵粉，以橡皮刮刀攪拌約20次。加入牛奶和米油之後再攪拌約20～30次。舀起麵糊讓它流下來，如果出現漂亮的光澤，且稍微呈緞帶狀就OK了（b）。

5. 將麵糊分成5等分，以湯匙舀入紙模中，用湯匙的邊緣貼著麵糊表面搖晃一下，使麵糊攤平成圓形（c）。用手指撫平表面，避免它凹凸不平。麵糊中央最好呈平緩的山狀。

6. **烘烤** 以190℃的烤箱烘烤約10～12分鐘。烤5分鐘左右時要對調模具的方向。

   ＊經過10分鐘之後，以烤色為依據，將已經烤好的蛋糕片移出烤箱。

   ＊如果烤箱一次烤不完的話，麵糊暫時置於常溫中10分鐘左右無妨。

7. 烘烤完成後放在網架上（d），立刻蓋上布巾。剝除每一片蛋糕片的紙，放涼。

8. **最後潤飾** 將A放入缽盆中，隔著冰水打成8分發，擠在蛋糕片的反面。放上縱切成一半的草莓和切成圓片的香蕉，然後將蛋糕片包起來。

   ＊雖然蛋糕片冷掉之後會起皺摺，但是包住餡料伸展開時，就會變得蓬鬆。

   ＊如果表面的烤色不好看，或是很在意表面的皺摺，也可以把反面當成表面。

# 03 基本的磅蛋糕麵糊

磅蛋糕有各式各樣的作法。本書將介紹大家3種方法，分別是將奶油打成髮蠟狀之後加入材料的方法、後來才加入蛋白霜的分蛋法，以及把奶油和麵粉混合在一起的方法。請好好享受截然不同的口感。

## 奶油蛋糕

持續烤製了20年以上，深受眾人喜愛，以分蛋法製作的奶油蛋糕。讓奶油飽含大量空氣是做出美味蛋糕的要訣。雖然打發的時候需要一點耐性，但是烤出來的鬆軟口感別具一格。請以常溫享用。

白蘭地蛋糕

白巧克力淋醬蛋糕

# 奶油蛋糕

**材料** 長21×寬7×高6cm的磅蛋糕模具1條份

| | |
|---|---|
| 無鹽奶油......110g | 牛奶......10g |
| 三溫糖......100g | 蜂蜜......10g |
| （分成40g和60g） | 蛋黃......2個份 |
| 鹽......0.5g（1/8小匙） | 蛋白......2個份 |
| | 低筋麵粉......110g |

**準備**

・將三溫糖和低筋麵粉分別過篩。
・將牛奶和蜂蜜放入缽盆中混合攪拌。
・將蒿半紙鋪在模具中。如果使用的是旋風烤箱，先以浸濕的報紙圍住模具備用（p.11）。
・將烤箱預熱至170℃。

---

## ① 打發奶油

將奶油放入缽盆後，移到瓦斯爐上，以微火加熱約5～10秒，然後立刻移離爐火。

＊這是以冰硬的奶油製作時的作法。如果奶油已經很軟了，不用以火加熱也OK。

用手持式電動攪拌器的攪拌棒將奶油拌軟，軟到一定程度時，以低速攪拌成髮蠟狀。

＊所謂髮蠟狀，指的是像滑順的美乃滋一樣的狀態。

加入三溫糖40g和鹽，以高速攪拌至顏色泛白為止。

---

將缽盆放在瓦斯爐上，以小火加熱約5秒之後移離爐火。用高速攪拌約1分鐘，使奶油變軟，砂糖開始溶化。

將缽盆墊著冰水。為了把空氣拌入奶油中，以高速攪拌約2分鐘，直到顏色泛白、質地鬆軟為止。此時還看得見砂糖的顆粒。

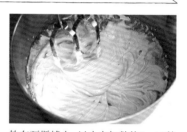

放在瓦斯爐上，以小火加熱約5～10秒後移離爐火。用高速攪拌約1分鐘。

---

## ② 加入牛奶、蜂蜜和蛋黃

再次將缽盆墊著冰水，以高速攪拌約2分鐘，直到顏色泛白、質地鬆軟為止。將這個加熱→冷卻的流程再重複進行1～2次。

直到看不見砂糖顆粒，也沒有沙沙的質感，而且奶油的量變成最初的3～4倍時就OK了。

在常溫中持續攪拌約30秒，然後將已經混合在一起的牛奶和蜂蜜分成2次加入，以高速充分攪拌。加入蛋黃之後，繼續攪拌均勻。

變成像這樣的質感。在打發蛋白霜期間，放置於常溫中備用。

將蛋白放入另一個缽盆中，隔著冰水用手持式電動攪拌器以高速切斷蛋白的稠狀連結。將三溫糖60g分成4次加入。打發至尖角挺立為止（p.38「硬式蛋白霜」）。

在蛋黃奶油糊中加入1/3量的蛋白霜和1/2量的低筋麵粉，以打蛋器拌勻。

＊如果蛋黃奶油糊很軟，就隔著冰水冷卻；很硬的話，則以打蛋器攪拌至變得滑順為止。

加入1/3量的蛋白霜和剩餘的麵粉，以橡皮刮刀混拌。混拌至大略均勻時，將剩餘的蛋白霜全部加進去，充分拌勻。

烘烤前的麵糊。不要過度混拌，以免失去蛋白霜的蓬鬆感。倒入模具中，以橡皮刮刀抹平。

以170℃的烤箱烘烤約45分鐘。烤25分鐘左右時要對調模具的方向。烘烤完成後脫模，剝下全部的紙，放在網架上。蓋上布巾，稍微放涼之後以保鮮膜輕輕包起來。

# *Arrange*

## 白蘭地蛋糕

在奶油蛋糕中融入大量的白蘭地，喜歡品酒的人一定會喜歡這款蛋糕。可以保存1週左右。

**作法**（1條份）

1 將糖漿60g（p.17）和白蘭地80g放入缽盆中充分攪拌。

2 奶油蛋糕放涼之後，用刷子將大量的 *1* 塗在整個蛋糕上。

3 全部塗完之後，用2層保鮮膜包起來，放在冷藏室1小時使味道融合。

　＊待充分冰涼、糖漿入味之後，再回復至常溫享用的話，會非常美味。

## 白巧克力淋醬蛋糕

這款蛋糕雖然只是做了「淋上白巧克力」這樣簡單的變化，卻變得非常美味。請務必嘗試做做看。

**作法**（1條份）

1 奶油蛋糕放涼之後，用保鮮膜包起來，放進冰箱冷藏。

2 將鏡面巧克力（白色）60g放入缽盆中，隔水加熱融化。將其淋覆在 *1* 的上面。

# 鳳梨核桃蛋糕

含有與奶油蛋糕味道契合的罐裝鳳梨，以及增添風味的核桃。因為要加入比較重的鳳梨，所以在麵糊中添加了少許泡打粉。由於鳳梨的甜味強烈，減少了砂糖的用量。附上冰淇淋的話，就成了能夠款待客人的一道甜點。

**材料**　直徑15cm的圓形模具1個份

無鹽奶油⋯⋯100g

三溫糖⋯⋯75g（分成30g和45g）

鹽⋯⋯0.5g（1/8小匙）

蛋黃⋯⋯2個份

鳳梨罐頭的糖漿⋯⋯30g（分成10g和20g）

蛋白⋯⋯2個份

低筋麵粉⋯⋯100g

泡打粉⋯⋯1g

鳳梨切片（罐頭）⋯⋯4片

核桃＊（烘烤過的）⋯⋯35g

＊如果使用未經烘烤的生核桃，請以140℃的烤箱烘烤約10分鐘。

**準備**

· 將低筋麵粉和泡打粉混合，輕輕攪拌之後過篩。
· 將三溫糖過篩。
· 將鳳梨切片切成1cm的大小。
· 將核桃大略切碎。
· 將烘焙紙鋪在模具中（p.11）。
· 將烤箱預熱至180℃。

**作法**

*1*　**製作蛋黃奶油糊**　將奶油放入缽盆中，以微火加熱約5秒之後移離爐火。用手持式電動攪拌器以低速攪拌成髮蠟狀。加入三溫糖30g和鹽，以高速攪拌至顏色泛白為止。

*2*　再次以小火加熱約5秒後移離爐火。以高速攪拌約1分鐘，使奶油變軟、砂糖開始溶化。

*3*　將缽盆墊著冰水。為了把空氣拌入奶油中，以高速攪拌約2分鐘，直到顏色泛白、質地鬆軟為止。移離冰水之後，繼續攪拌約1分鐘。

*4*　將這個*2*加熱→*3*冷卻的流程再重複進行1次，使奶油的量變成最初的2倍。加入蛋黃和10g的鳳梨罐頭糖漿攪拌。

*5*　**製作蛋白霜**　將蛋白放入另一個缽盆中，隔著冰水用手持式電動攪拌器以高速切斷蛋白的稠狀連結。

將三溫糖45g分成4次加入。打發至尖角挺立為止（p.38「硬式蛋白霜」）。

*6*　**與蛋黃奶油糊混合**　在蛋黃奶油糊中加入1/3量的蛋白霜和1/2量的粉類，以打蛋器攪拌。再加入1/3量的蛋白霜和剩餘的粉類，以橡皮刮刀混拌至大略均勻時，加入切好的鳳梨和大略切碎的核桃混拌。將剩餘的蛋白霜全部加進去，混拌至看不見粉粒為止。

*7*　**烘烤**　倒入模具中，以180℃的烤箱烘烤約45分鐘。烤25分鐘左右時要對調模具的方向。烘烤完成後脫模，剝下全部的紙，趁熱用刷子全面塗上鳳梨罐頭的糖漿20g。蓋上布巾，稍微放涼之後以保鮮膜輕輕包起來。

# 水果蛋糕

添加了滿滿的堅果和水果乾，做出沉甸甸的磅蛋糕。加入酒漬櫻桃讓蛋糕的切面變得色彩繽紛又漂亮。因為做得稍微有分量些會比較好吃，所以沒有像奶油蛋糕（p.56）那樣把奶油打發。

**材料**　長21×寬7×高6cm的磅蛋糕模具1條份

杏仁片____10g

糖漬橙皮____20g

酒漬櫻桃（紅·綠）____各6顆

核桃（烘烤過的）____20g

酒漬果乾____100g　＊市售品也OK。

無鹽奶油____130g

三溫糖____90g（分成40g和50g）

鹽____少許

蛋黃____2個份

蛋白____2個份

低筋麵粉____150g

糖漿（p.17）____20g

蘭姆酒____20g

**準備**

· 將低筋麵粉過篩。

· 製作蘭姆酒糖漿。將糖漿和蘭姆酒倒入鉢盆中混合均勻。

· 將藁半紙鋪在模具中（p.11）。

· 將烤箱預熱至180℃。

## 作法

*1* **製作餡料**　以140℃的烤箱烘烤杏仁片約5分鐘。糖漬橙皮切成粗末，酒漬櫻桃、核桃切成一半。

　＊如果使用的是生核桃，就和杏仁片一起烘烤約10分鐘，烤5分鐘時先取出杏仁片。

*2* 將酒漬果乾、杏仁片、糖漬橙皮、酒漬櫻桃和核桃放入鉢盆中攪拌（a）。使用量約200g。

*3* **製作蛋黃奶油糊**　將奶油放入鉢盆中，以微火加熱約5秒後馬上移離爐火。用手持式電動攪拌器以低速攪拌成髮蠟狀。加入三溫糖40g和鹽，用高速攪拌至顏色泛白為止。

*4* 再次以小火加熱約5秒之後移離爐火。用高速攪拌約1分鐘，使奶油變軟、砂糖開始溶化。

*5* 將鉢盆墊著冰水。為了把空氣拌入奶油中，以高速攪拌約2分鐘，直到顏色泛白、質地鬆軟為止。移離冰水，繼續攪拌約1分鐘。

*6* 將這個*4*加熱→*5*冷卻的流程再重複進行1次，使奶油的量變成最初的2倍。加入蛋黃攪拌。

*7* **製作蛋白霜**　將蛋白放入另一個鉢盆中，隔著冰水用手持式電動攪拌器以高速切斷蛋白的稠狀連結。將三溫糖50g分成4次加入。打發至尖角挺立為止（p.38「硬式蛋白霜」）。

*8* **與蛋黃奶油糊混合**　在蛋黃奶油糊中加入1/3量的蛋白霜和1/2量的低筋麵粉，以打蛋器攪拌。再加入1/3量的蛋白霜和剩餘的麵粉，用橡皮刮刀混拌至大略均勻時，加入*2*輕輕混拌。將剩餘的蛋白霜全部加進去，混拌至看不見粉粒為止。

*9* **烘烤**　倒入模具中，以橡皮刮刀抹平表面。用刀子在表面劃入一道切痕。以180℃的烤箱烘烤約50～55分鐘。烤30分鐘左右時要對調模具的方向。烘烤完成後脫模，剝下全部的紙。趁熱用刷子全面塗上蘭姆酒糖漿。蓋上布巾，稍微放涼之後以保鮮膜輕輕包起來。

---

### 酒漬果乾的作法

將葡萄乾100g、蘇坦娜葡萄乾50g、無籽小葡萄乾（currant）50g放入乾淨的密閉容器中，倒入剛好蓋過葡萄乾的蘭姆酒。包覆保鮮膜，再蓋上瓶蓋保存。從要使用的前1天開始準備即可。保存期間為4個月。

# 檸檬奶油蛋糕

將奶油蛋糕（p.56）變化成檸檬風味。只有配方不同，作法仍相同，且具有清爽的
味道。使用檸檬蛋糕模具烘烤的話，以180℃烘烤約20～25分鐘。

# 無花果
蘭姆酒蛋糕

無花果、核桃和蘭姆酒是怎麼吃都
吃不膩的組合。放置數天，質地變
濕潤後會更加美味。

# 檸檬奶油蛋糕

**材料**　長21×寬7×高6cm的磅蛋糕模具1條份

檸檬皮（磨碎）⋯⋯1個份（大）

上白糖⋯⋯100g（分成40g和60g）

無鹽奶油⋯⋯100g

牛奶⋯⋯10g

蛋黃⋯⋯2個份

蛋白⋯⋯2個份

低筋麵粉⋯⋯100g

糖漿（p.17）⋯⋯25g

檸檬汁⋯⋯13g（分成8g和5g）

糖粉⋯⋯30g

**準備**

・將上白糖過篩。

・製作檸檬糖漿。將糖漿和檸檬汁8g放入缽盆中混合均勻。

・除上述事項之外，與p.56「奶油蛋糕」的準備工作相同。

## 作法

**1** **製作麵糊**　將磨碎的檸檬皮和上白糖40g放在砧板上，以抹刀搓磨混合，沾染香氣。

**2** 依照p.56「奶油蛋糕」的*1*～*5*步驟，以相同的方式製作。

**3** **最後潤飾**　烘烤完成後，趁熱用刷子全面塗上檸檬糖漿。

**4** 將糖粉和檸檬汁5g放入缽盆中，以橡皮刮刀攪拌，做成糖霜*（a）。將此糖霜塗在蛋糕上（b）。　　*這個塗在糕點表面的糖霜是用來預防蛋糕乾燥的。

**5** 為了讓糖霜變乾、呈現出透明感，將蛋糕放入210℃的烤箱烘烤約1～2分鐘，然後放涼。

# 無花果蘭姆酒蛋糕

**材料**　長21×寬7×高6cm的磅蛋糕模具1條份

小顆的無花果乾⋯⋯77g（約20顆）

蘭姆酒⋯⋯75g（分成35g、30g和10g）

核桃（烘烤過的）⋯⋯45g

無鹽奶油⋯⋯110g

三溫糖⋯⋯45g

黍砂糖⋯⋯45g

鹽⋯⋯0.5g（1/8小匙）

蛋黃⋯⋯2個份

低筋麵粉⋯⋯110g

蛋白⋯⋯2個份（110g）

糖漿（p.17）⋯⋯30g

**準備**

・將無花果放入缽盆中，倒入蘭姆酒35g後覆上保鮮膜，放置1天～1週備用。

・將三溫糖和黍砂糖混合過篩，然後分成40g和50g。

・製作蘭姆酒糖漿。將糖漿和蘭姆酒30g放入缽盆中混合均勻。

・除上述事項之外，與p.61「水果蛋糕」的準備工作相同。

## 作法

**1** **製作麵糊**　將以蘭姆酒醃漬過的無花果切成稍厚的厚片，核桃大略切碎。把無花果和核桃放入缽盆中，加入蘭姆酒10g混拌（a）。

**2** 依照p.61「水果蛋糕」的*3*～*8*步驟，以相同的方式製作。

**3** **烘烤**　倒入模具中，以橡皮刮刀抹平表面。用180℃的烤箱烘烤約50分鐘。烤25分鐘左右時要對調模具的方向。烘烤完成後脫模，剝下全部的紙。趁熱用刷子全面塗上蘭姆酒糖漿。蓋上布巾，稍微放涼之後以保鮮膜輕輕包起來。

# 焦糖蘋果蛋糕

烤好之後倒扣，作法非常簡單、不會失敗的反轉蛋糕。用來搭配蛋糕體的蘋果，使用富士蘋果等平常家裡食用的蘋果即可。附上發泡鮮奶油和肉桂，就會變成正統風味。重新加熱之後還是很好吃！

## 材料　15cm的方形模具1個份

| | |
|---|---|
| 無鹽奶油──50g | ·焦糖蘋果 |
| 低筋麵粉──100g | 蘋果──1個半＊（約320g） |
| 泡打粉──5g | 細砂糖──50g |
| 三溫糖──80g | 水──20g |
| 鹽──1撮 | 蘭姆酒──5g |
| 蛋──2個 | ＊蘋果的量也可以隨喜好增加。 |
| 牛奶──75g | |

## 準備

· 將低筋麵粉和泡打粉混合，輕輕攪拌之後過篩。
· 將三溫糖過篩。
· 將烘焙紙鋪在模具中（p.11）。
· 將烤箱預熱至180℃。

## 作法

1. **製作焦糖蘋果**　將蘋果去皮去芯，全部切成1/8的瓣狀。將細砂糖和水放入小鍋子中，開中火一邊攪拌一邊加熱。煮至變成淺褐色時關火，加入蘋果和蘭姆酒攪拌。

2. 再次以稍大的中火加熱，將焦糖蘋果的水分收乾。煮到開始變乾時即可關火，就這樣放涼（a）。

3. **製作麵糊**　將奶油放入缽盆中，以微火加熱約5秒後立刻移離爐火。用打蛋器攪拌成髮蠟狀。將缽盆墊著冰水，攪拌至顏色泛白、質地鬆軟為止。移離冰水，繼續攪拌約30秒。

4. 一口氣加入粉類，將粉類和奶油混合，以打蛋器攪拌至變成乾鬆的顆粒狀。

5. 將三溫糖、鹽、蛋、牛奶放入另一個缽盆中，充分攪拌。分成5次加入4中，每次加入時都要以打蛋器充分攪拌。

6. **烘烤**　將焦糖蘋果排列在模具底部（b）。焦糖留在鍋裡備用。

   ＊如果將焦糖鋪在蛋糕底部，外觀會變得不好看，所以請務必留在鍋裡備用。

7. 將麵糊倒入模具中，以180℃的烤箱烘烤約45分鐘。烤20分鐘左右時要對調模具的方向。烘烤完成後輕敲模具底部，不要脫模，讓蛋糕暫時留在模具中，直到表面變平坦。

8. **最後潤飾**　稍微放涼而且表面變得平坦之後脫模，剝下側面的紙。倒扣在網架上，輕輕剝下底部的紙，就這樣放置冷卻。把殘留在鍋中的焦糖稍微收乾，以刷子塗在有蘋果的那一面。

a

b

# 巧克力香蕉蛋糕

只需攪拌就能輕鬆完成的美式香蕉蛋糕。請使用完熟的香蕉製作。

材料　15cm的方形模具1個份
香蕉——3根（約180g）
無鹽奶油——90g
三溫糖——90g
鹽——1.5g
蛋——1個（L尺寸）
低筋麵粉——125g
泡打粉——2g
小蘇打粉*——2g
核桃（烘烤過的）——50g
鏡面巧克力（甜味）——70g

*如果沒有小蘇打粉，只使用泡打粉4g製作也OK。

## 準備
· 將低筋麵粉、泡打粉和小蘇打粉混合，輕輕攪拌之後過篩。
· 將三溫糖過篩。
· 將核桃大略切碎。
· 將烘焙紙鋪在模具中（p.11）。
· 將烤箱預熱至180℃。

## 作法
1 **製作香蕉泥**　將香蕉放入缽盆中，以叉子壓碎成泥狀。

2 **製作麵糊**　將奶油放入另一個缽盆中，以微火加熱約5秒後立刻移離爐火。用手持式電動攪拌器攪拌成髮蠟狀。加入三溫糖和鹽，攪拌至顏色泛白為止。

3 將蛋放入另一個缽盆中打散成蛋液，分成2次加入2之中攪拌。將1分成2次加入，繼續攪拌。
　＊如果產生分離的現象，稍微加熱一下即可改善。

4 一口氣加入粉類，以橡皮刮刀混拌至大略均勻之後，加入大略切碎的核桃充分攪拌。

5 **烘烤**　將麵糊倒入模具中，抹平表面。以180℃的烤箱烘烤約40分鐘。烤20分鐘左右時要對調模具的方向。烘烤完成後放在網架上，剝下全部的紙，蓋上布巾放涼。

6 **最後潤飾**　將鏡面巧克力放入缽盆中，隔水加熱融化，然後淋覆在蛋糕上。

# 核桃咕咕霍夫蛋糕

加了酥油和澄粉，做成酥脆乾鬆的口感。
酥油和澄粉可改用奶油和低筋麵粉取代。也可用磅蛋糕模具製作。

**材料**　直徑15×高8cm的咕咕霍夫模具1個份

無鹽奶油——80g

酥油*（有機）（p.7）——20g

三溫糖——60g

鹽——0.5g（1/8小匙）

白蘭地——10g

蛋——2個

低筋麵粉——100g

澄粉**（或是玉米澱粉）——20g

泡打粉——1g

核桃（烘烤過的）——35g

牛奶——15g

蜂蜜——20g

糖粉——適量

*可用奶油取代。

**可用低筋麵粉取代。

**準備**

· 將奶油和酥油放置在室溫中備用。

· 將低筋麵粉、澄粉和泡打粉混合，輕輕攪拌之後過篩。

· 將三溫糖過篩。

· 將牛奶和蜂蜜混合備用。

· 將核桃切成薄片。

· 在模具中塗抹奶油，再撒上高筋麵粉（皆為分量外），拍除多餘的麵粉，然後放在冷藏室中（p.10）。

· 將烤箱預熱至170℃。

**作法**

1　**製作麵糊**　將奶油和酥油放入缽盆中，用手持式電動攪拌器攪拌成髮蠟狀。加入三溫糖和鹽，攪拌至顏色泛白為止。加入白蘭地混合，再把蛋液分成6次加入攪拌。

　　＊如果產生分離的現象，稍微加熱一下即可改善。

2　一口氣加入粉類，以橡皮刮刀混拌至大略均勻之後，加入切成薄片的核桃攪拌。加入牛奶和蜂蜜，攪拌至麵糊出現光澤為止。

3　以橡皮刮刀將麵糊一點一點地舀入模具中，然後把模具重重地放下2次以便排出空氣。

4　**烘烤**　以170℃的烤箱烘烤約30分鐘，然後調降成160℃，繼續烘烤約10～15分鐘。中途要對調模具的方向。烘烤完成後，輕敲模具的周圍，然後將模具倒扣取出蛋糕，放在網架上，稍微放涼後以保鮮膜輕輕包起來。要享用之前以小濾網篩撒糖粉。

# 04 基本的馬芬麵糊

將材料依序放入一個缽盆中攪拌製成的簡易糕點──馬芬。外層酥脆,內裡口感鬆軟。烤好當天享用很美味,
即使沒有吃完也可以先冷凍起來,想吃的時候再重新加熱。

## 香草馬芬

加入香草莢,簡單就能品嚐到蛋糕體美味的馬芬。
馬芬不論與什麼餡料搭配都很對味,把果醬和卡士達醬等自己喜歡的配料
加進去或是放在上面,製作出獨一無二的原創馬芬也充滿樂趣喔!

藍莓奶油乳酪馬芬
芒果奶油乳酪馬芬
花生醬巧克力豆馬芬

# 香草馬芬

**材料** 直徑5cm的馬芬模具6個份

| | |
|---|---|
| 無鹽奶油——70g | 香草莢*——2cm |
| 甜菜糖——70g | 低筋麵粉——110g |
| 鹽——0.5g（1/8小匙） | 泡打粉——2g |
| 蛋——1個 | 牛奶——30g |
| 香草油——3滴 | 珍珠糖（p.7）—— 適量 |

*沒有香草莢的話，請追加3滴香草油。

**準備**
- 將低筋麵粉和泡打粉混合，輕輕攪拌之後過篩。
- 將8號紙杯鋪在馬芬模具中。
- 將烤箱預熱至190℃。

## 1 將奶油攪拌成髮蠟狀

將奶油放入缽盆中，以打蛋器攪拌成髮蠟狀。加入甜菜糖和鹽，輕輕攪拌至顏色泛白為止。

## 2 加入蛋

加入蛋，攪拌至鬆軟。
＊如果產生分離的現象，稍微加熱一下即可改善。

## 3 添加香氣

加入香草油攪拌。
＊要增添香氣的話，請在此步驟加入素材。

## 4 加入粉類

剖開香草莢，以刀背刮下香草籽加入缽盆中。

加入一半分量的粉類攪拌。

## 5 加入牛奶

攪拌至大略均勻時，加入一半分量的牛奶繼續攪拌。

## 6 烘烤

加入剩餘的粉類，攪拌至大略均勻時，加入剩餘的牛奶，繼續攪拌至看不見粉粒為止。
＊如果要將餡料拌入麵糊中，請在此步驟加入。

使用2根湯匙把麵糊舀入模具中。

表面放上珍珠糖。以190℃的烤箱烘烤約25分鐘。烘烤完成後，放在網架上放涼。

# 藍莓奶油乳酪馬芬

藍莓的酸味和奶油乳酪的濃醇互相結合，形成具有深度的風味。建議使用冷凍藍莓。

**材料**　直徑5cm的馬芬模具6個份
無鹽奶油——70g
甜菜糖——70g
鹽——0.5g（1/8小匙）
蛋——1個
低筋麵粉——110g
泡打粉——2g
牛奶——30g
奶油乳酪——55g
糖粉——5g　＊用蜂蜜也OK。
冷凍藍莓——42顆
奶酥（p.91）——適量

**準備**
・與p.70「香草馬芬」的準備工作相同。

**作法**
1　依照p.70「香草馬芬」的*1～5*步驟，以相同的方式製作。
2　將奶油乳酪和糖粉放入另一個缽盆中，以橡皮刮刀混合攪拌。
3　將麵糊舀入模具至半滿，放上藍莓5顆以及已經分成6等分的*2*，然後覆蓋上另一半的麵糊。將藍莓2顆埋進表面，再放上奶酥。
4　依照p.70「香草馬芬」的步驟*6*，以相同的方式烘烤。

---

# 芒果奶油乳酪馬芬

多汁的芒果和奶油乳酪很對味。因為是使用冷凍芒果，所以即使不是炎熱的夏天也可以製作。

**材料**　直徑5cm的馬芬模具6個份
無鹽奶油——70g
甜菜糖——70g
鹽——0.5g（1/8小匙）
蛋——1個
低筋麵粉——110g
泡打粉——2g
牛奶——30g
奶油乳酪——55g
糖粉——5g　＊用蜂蜜也OK。
冷凍芒果——6塊（大）
奶酥（p.91）——適量

**準備**
・與p.70「香草馬芬」的準備工作相同。

**作法**
1　依照p.70「香草馬芬」的*1～5*步驟，以相同的方式製作。
2　將奶油乳酪和糖粉放入另一個缽盆中，以橡皮刮刀混合攪拌。
3　將麵糊舀入模具至半滿，放入芒果1塊以及已經分成6等分的*2*，然後覆蓋上另一半的麵糊。表面放上奶酥。
4　依照p.70「香草馬芬」的步驟*6*，以相同的方式烘烤。

---

# 花生醬巧克力豆馬芬

花生醬最好使用不具甜味、保留了花生顆粒的顆粒花生醬。這款馬芬具有粗曠卻美味的美式風味。

**材料**　直徑5cm的馬芬模具6個份
無鹽奶油——70g
甜菜糖——70g
鹽——0.5g（1/8小匙）
蛋——1個
低筋麵粉——110g
泡打粉——2g
牛奶——30g
花生醬（p.7）——50g
烘焙用巧克力豆——40g
奶酥（p.91）——適量

**準備**
・與p.70「香草馬芬」的準備工作相同。

**作法**
1　依照p.70「香草馬芬」的*1～5*步驟，以相同的方式製作。
2　將全體拌勻之後，加入花生醬和巧克力豆，以橡皮刮刀大略攪拌，使麵糊呈現大理石花紋狀。
3　將麵糊分成6等分放入模具中。表面放上奶酥。
4　依照p.70「香草馬芬」的步驟*6*，以相同的方式烘烤。

# 莫扎瑞拉乳酪培根馬芬

佐餐型的馬芬,如果只用麵粉製作的話,蛋糕體會變得很沉重,所以加入了米製粉做出輕盈感。

**材料** 直徑5cm的馬芬模具6個份

無鹽奶油⸺70g

甜菜糖⸺10g

鹽⸺1.5g(1/3小匙)

蛋⸺1個

低筋麵粉⸺80g

米製粉⸺30g

泡打粉⸺2g

牛奶⸺30g

玉米粒⸺1罐(90g)＊不含湯汁的熟玉米粒。

培根⸺1片半

莫扎瑞拉乳酪⸺1/3個

**準備**

・將低筋麵粉、米製粉和泡打粉混合,輕輕攪拌之後過篩。

・將8號紙杯鋪在馬芬模具中。

・將烤箱預熱至190℃。

**作法**

*1* **製作麵糊** 依照p.70「香草馬芬」的*1~5*步驟,以相同的方式製作,最後加入玉米粒攪拌。

*2* 將培根和莫扎瑞拉乳酪分別切成6等分。用培根把莫扎瑞拉乳酪捲起來(a)。

*3* 將麵糊舀入模具至半滿,放入*2*之後,覆蓋上另一半的麵糊。

*4* **烘烤** 以190℃的烤箱烘烤約25分鐘。烘烤完成之後脫模,放在網架上放涼。

＊作法雖與香草馬芬相同,但是因為砂糖的分量少,很容易產生分離現象。一邊攪拌一邊稍微加熱即可改善。

＊只有玉米粒也很好吃。餡料方面,建議大家也可以使用其他如香腸、乾咖哩、鮪魚、馬鈴薯沙拉、鮭魚和奶油乳酪等。

a

# 抹茶紅豆杯子蛋糕

因為加入大納言紅豆，所以稍微降低甜度。使用白砂糖製作，讓抹茶的顏色和香氣更加鮮明。

**材料**　直徑5cm的馬芬模具9個份

抹茶（p.7）——5g

上白糖——80g

無鹽奶油——110g

蛋——略少於2個（90g）

牛奶——10g

低筋麵粉——105g

泡打粉——1g

大納言紅豆（市售品）——50g　＊也可以使用甘納豆。

**準備**

· 將「低筋麵粉和泡打粉」、「抹茶和上白糖」分別混合，輕輕攪拌之後過篩。

· 將8號紙杯鋪在馬芬模具中。

· 將烤箱預熱至180℃。

## 作法

1. **製作麵糊**　將抹茶和上白糖放入小缽盆中，以小橡皮刮刀研磨攪拌。

2. 將奶油放入另一個缽盆中，以打蛋器攪拌成髮蠟狀。加入1，攪拌至顏色泛白、質地鬆軟為止。

3. 將蛋放入另一個缽盆中以打蛋器打散成蛋液，分成6次加入2之中。加入的時候，最好等前一次的蛋液均勻融合之後再加入下一次的。

　　＊分成越多次加入，越能減少分離的現象。

4. 一點一點地加入牛奶攪拌。

5. 一口氣加入粉類，以橡皮刮刀攪拌至大略均勻時，加入大納言紅豆，攪拌至麵糊出現光澤為止。

6. **烘烤**　使用2根湯匙把麵糊舀入模具中。以180℃的烤箱烘烤約25分鐘。烤12分鐘左右時要對調模具的方向。烘烤完成後脫模，放在網架上，蓋上布巾放涼。

# 棉花糖巧克力蛋糕

具有鬆軟圓胖的外形，很討人喜歡的杯子蛋糕。是將棉花糖擠在可可杯子蛋糕上，再沾裹巧克力而成。吃進嘴裡時，可以享受到3種不同的口感。上面沾裹的巧克力除了甜味的之外，改用牛奶巧克力也很美味。

## 材料　直徑5cm的馬芬模具9個份

無鹽奶油——110g
三溫糖——90g
鹽——0.5g（1/8小匙）
蛋——略少於2個（90g）
牛奶——10g
低筋麵粉——95g
可可粉——15g
泡打粉——1g
鏡面巧克力（甜味）——200g

**·棉花糖**
蛋白——20g
細砂糖——50g
　（分成5g和45g）
水麥芽——15g
水——8g
A｜明膠粉——5g
　｜冷開水——15g

## 準備

- 將低筋麵粉、可可粉和泡打粉混合，輕輕攪拌之後過篩。
- 將三溫糖過篩。
- 將A放入缽盆中泡脹，輕輕攪散。
- 將8號紙杯鋪在馬芬模具中。
- 將烤箱預熱至180℃。

## 作法

1. **製作麵糊**　將奶油放入缽盆中，以打蛋器攪拌成髮蠟狀。加入三溫糖和鹽，攪拌至顏色泛白、質地鬆軟為止。

2. 將蛋放入另一個缽盆中以打蛋器打散成蛋液，分成6次加入 *1* 之中。加入的時候，最好等前一次的蛋液均勻融合之後再加入下一次的。

3. 一點一地地加入牛奶攪拌。

4. 一口氣加入粉類，以橡皮刮刀攪拌至看不見粉粒為止。

5. **烘烤**　使用2根湯匙把麵糊舀入模具中。以180℃的烤箱烘烤約25分鐘。烤12分鐘左右時要對調模具的方向。烘烤完成後脫模，放在網架上，蓋上布巾放涼。

6. **製作棉花糖**　將蛋白放入另一個缽盆中，隔著冰水用手持式電動攪拌器以高速切斷蛋白的稠狀連結。加入細砂糖5g，打發至尖角挺立為止。

7. 將細砂糖45g、水麥芽和水放入小鍋子中，開中火加熱，並以橡皮刮刀攪拌。細砂糖溶化之後停止攪拌，改以大火加熱。超過125℃之後關火，加入已經攪散的明膠混拌。

※因為溫度很高，請小心燙傷。

8. 將6的缽盆以布巾斜斜地固定，一邊加入 *7*，一邊用手持式電動攪拌器以高速攪拌，全部都加進去之後繼續攪拌，直到變涼後，攪拌棒會在缽盆內留下清楚的痕跡為止（a、b）。

9. **組合**　將棉花糖填入裝有口徑1cm圓形擠花嘴的擠花袋中，圓圓地擠在可可杯子蛋糕的上面（c），然後放入冰箱冷藏。

※擠完一球棉花糖時，迅速地中斷就能擠得漂亮。

10. 將鏡面巧克力放入缽盆中，隔水加熱融化。把 *9* 倒著拿，只沾裹棉花糖的部分（d），放置在室溫中使其凝固。

# 蝴蝶杯子蛋糕

模仿蝴蝶造型的杯子蛋糕，是英國下午茶時間的基本款甜點。因為頂端部分要做成
蝴蝶的造型，所以烤成小尺寸的杯子蛋糕。如果做成普通尺寸，就成了維多利亞蛋
糕。有時也可以更換內餡的果醬。

**材料**　直徑5cm的馬芬模具10個份

無鹽奶油⸺110g

三溫糖⸺90g

鹽⸺0.5g（1/8小匙）

蛋⸺略少於2個（90g）

牛奶⸺10g

低筋麵粉⸺110g

泡打粉⸺1g

奶油霜（p.39）⸺適量

草莓果醬（p.7）⸺適量

糖粉⸺適量

**準備**

· 將低筋麵粉和泡打粉混合，輕輕攪拌之後過篩。

· 將三溫糖過篩。

· 將6號紙杯鋪在馬芬模具中。

· 將烤箱預熱至180℃。

## 作法

*1*　**製作麵糊**　將奶油放入缽盆中，以打蛋器攪拌成髮
蠟狀。加入三溫糖和鹽，攪拌至顏色泛白、質地鬆
軟為止。

*2*　將蛋放入另一個缽盆中以打蛋器打散成蛋液，分成
6次加入 *1* 之中。加入的時候，最好等前一次的蛋液
均勻融合之後再加入下一次的。

*3*　一點一點地加入牛奶攪拌。

*4*　一口氣加入粉類，以橡皮刮刀攪拌至看不見粉粒為
止。

*5*　**烘烤**　使用2根湯匙把麵糊舀入模具中。以180℃的

烤箱烘烤約23分鐘。烤10分鐘左右時要對調模具的
方向。烘烤完成後脫模，放在網架上，蓋上布巾放
涼。

*6*　**組合**　切下蛋糕的圓頂部分，接著將它切成2等分
（a）。

*7*　將奶油霜填入裝有8齒6號星形擠花嘴的擠花袋中，
在蛋糕的切面上擠出甜甜圈狀（b），然後在圈狀
奶油霜的中心盡可能地放入多一點果醬（c）。

*8*　將自 *6* 切下的部分切面向下插入果醬中，做成像蝴
蝶翅膀般的裝飾（d）。最後再撒上糖粉。

# 05 簡易點心

從這裡開始，要向大家介紹的是能讓心情放鬆、平靜下來的點心。收錄的都是使用之前的材料，
輕輕鬆鬆兩三下就能快速完成的食譜。

## 卡斯提拉蛋糕

據說是源自於葡萄牙「Pão-de-ló」這種海綿蛋糕的日本糕點。不論是用全蛋法還是
分蛋法都做得出來，兩種作法各有特色，口感也有些微差異。使用在超市買到的米
飴，就能做出道地的卡斯提拉風味喔！

### 全蛋法麵糊

· 一定要使用新鮮的蛋
· 可以做出道地的卡斯提拉蛋糕，滋味令人懷念
· 使用一個缽盆就能輕鬆完成

## 分蛋法麵糊

・即便是放了很多天的蛋，也可以做出美味的蛋糕
・比起全蛋法，成品更像是味道清爽的海綿蛋糕
・不會失敗，而且烘烤時間比全蛋法來得短

# 全蛋法的卡斯提拉蛋糕

以全蛋法製作卡斯提拉蛋糕時,最重要的訣竅就是要使用新鮮的蛋。蛋越新鮮,越能做出漂亮的成品。再來就只要將材料混合在一起,即可輕鬆完成。烘烤時間會比分蛋法稍微久一點。

## 材料　15cm的方形模具1個份

蛋——略少於4個(190g)

上白糖——110g

米飴——30g　＊也可以使用蜂蜜。

滾水——20g

高筋麵粉——75g

米油——15g

粗粒砂糖——6g

## 準備

・將高筋麵粉和上白糖分別過篩。
・將米飴和滾水放入缽盆中,溶勻之後放涼。
・將烘焙紙鋪在模具中,以釘書機固定(p.11)。
・將3張報紙攤開相疊,縱向摺成一半之後,再摺成3折,然後用水浸濕。
・將烤箱預熱至180℃。
・準備噴霧器。

## 作法(全蛋法麵糊)

1. **製作麵糊**　將蛋放入缽盆中,用手持式電動攪拌器以高速打散成蛋液,加入上白糖之後攪拌。

2. 把缽盆直接放在瓦斯爐上,以微火加熱。用低速像畫圓般攪拌約20秒,砂糖開始溶化之後即可移離爐火。將缽盆傾斜地放置在濕布巾上,不時轉動缽盆,同時以高速打發泡。開始產生粗大的氣泡之後,改以低速攪拌。舀起蛋糊讓它流下來,如果痕跡不會立刻消失並稍微殘留就OK了(a)。

3. 加入米飴水,用手持式電動攪拌器以高速攪拌5秒。

4. 一口氣加入高筋麵粉,用攪拌棒輕輕攪拌,再以高速攪拌5~7秒直到看不見粉粒為止。

5. 加入米油,以高速攪拌5秒(b)。用橡皮刮刀攪拌整體,確認是否還有不均勻的地方(c)。

6. **烘烤**　在模具底部鋪上粗粒砂糖(d)。以麵糊充當漿糊,把鋪在模具中的紙固定住(e)。

7. 將麵糊倒入模具中(f),以噴霧器在表面輕輕噴上水氣。

   ＊如果使用的是旋風烤箱,用浸濕的報紙圍住模具周圍,可以緩和烤箱側面的熱力,把整個蛋糕烤得蓬鬆柔軟(g)。
   ＊如果使用的是上下加熱管烤箱,請參照p.81的「Memo」。

8. 以180℃的烤箱烘烤約20分鐘,然後調降成160℃,再烘烤約50分鐘。

9. 烘烤完成後脫模,放在網架上,剝下側面的紙。在表面蓋上保鮮膜,然後倒扣,輕輕剝下底部的紙(h)。直接切除蛋糕的四邊,蓋上布巾放涼。趁熱以保鮮膜輕輕包起來。

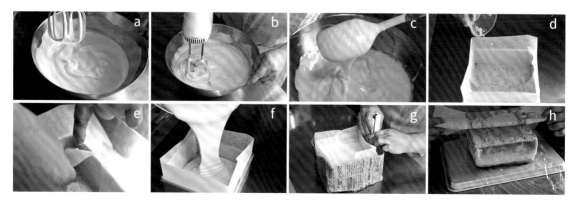

# 分蛋法的卡斯提拉蛋糕

成品的口感比全蛋法來得清爽，風味近似海綿蛋糕。即使用放了很多天的蛋製作也不會失敗，烘烤時間比全蛋法稍微短一點。材料則與全蛋法完全相同。

## 準備

· 將上白糖過篩，分成40g和70g。
· 將蛋分成蛋黃和蛋白。
· 除上述事項之外，與p.80「全蛋法的卡斯提拉蛋糕」的準備工作相同。

## 作法（分蛋法麵糊）

*1* **製作蛋黃糊** 將蛋黃放入缽盆中，以打蛋器打散，加入上白糖40g之後輕輕攪拌。

*2* **製作蛋白霜** 將蛋白放入另一個缽盆中，隔著冰水用手持式電動攪拌器以高速打發起泡。稍微立起尖角之後，將上白糖70g分成5次加入。打發至尖角挺立為止（p.38「軟式蛋白霜」）。

*3* **與蛋黃糊混合** 將*1*全部加入蛋白霜之中，以打蛋器輕輕攪拌。

*4* 一口氣加入高筋麵粉，以橡皮刮刀混拌至看不見粉粒為止。

*5* 加入米飴水攪拌，再加入米油，攪拌至麵糊出現光澤。

*6* **烘烤** 在模具底部鋪上粗粒砂糖。將麵糊倒入模具中，以噴霧器在表面輕輕噴上水氣。以180℃的烤箱烘烤約10分鐘，然後調降成160℃，再烘烤約50分鐘。

*7* 烘烤完成後脫模，放在網架上，剝下側面的紙。在表面蓋上保鮮膜，然後倒扣，輕輕剝下底部的紙。直接切除蛋糕的四邊，蓋上布巾放涼。趁熱以保鮮膜輕輕包起來。

## *Memo*

有時候也許無法烤出自己理想中的卡斯提拉蛋糕。
這個時候，請參考下列作法，多費點心思試試看。

### 旋風烤箱

↓

用浸濕的報紙圍住模具，讓烤箱熱力慢慢地烘烤側面，蛋糕體便能鬆軟平均地膨脹起來。這麼做可以預防蛋糕體裂開，以及外層烤焦內部卻未熟這類情形。

### 上下加熱管烤箱

↓

烤盤離上火遠的話，受到的熱力就弱，可能無法順利烤得漂亮。因此，剛開始先把烤盤放在中層烤，調降溫度的時候再移至下層，或是先將烤盤倒扣在模具上方、接近上火烘烤，然後再改以鋁箔紙覆蓋以預防表面烘烤過度。用報紙圍住模具的時候，浸濕1張報紙來使用即可。

如果不是沒有烤熟，即使外觀有點不好看也無妨，吃起來一樣很美味。
請把自己當成卡斯提拉蛋糕師傅，挑戰看看吧！

# 瑪德蓮蛋糕

蓬鬆柔軟、充滿奶油香氣，令人念念不忘的瑪德蓮蛋糕。雖然攪拌過度會使麵糊
出筋，但這樣烘烤出來的蛋糕味道也不差，成功率百分百。
也可以用p.86「費南雪蛋糕」的鋁模製作。

**材料**　直徑7cm的瑪德蓮模具7個份

蛋⋯⋯1個（L尺寸）

上白糖⋯⋯50g

鹽⋯⋯1撮

低筋麵粉⋯⋯30g

高筋麵粉⋯⋯25g

泡打粉⋯⋯0.5g（1/8小匙）

無鹽奶油⋯⋯45g

牛奶⋯⋯10g

**準備**

・將低筋麵粉、高筋麵粉和泡打粉混合，輕輕攪拌之後
　過篩。
・將上白糖過篩。
・將奶油和牛奶放入缽盆中，隔水加熱溶化，就這樣放
　著備用。
・將紙模鋪在瑪德蓮模具中。
・將烤箱預熱至200℃。

## 作法

1　**製作麵糊**　將蛋放入缽盆中，用手持式電動攪拌器
　以高速打散成蛋液，加入上白糖和鹽之後攪拌。

2　把缽盆直接放在瓦斯爐上，以微火加熱。用低速像
　畫圓般攪拌約20秒，砂糖開始溶化之後即可移離
　爐火。將缽盆傾斜地放置在濕布巾上，不時轉動缽
　盆，同時以高速打發起泡。開始產生粗大的氣泡之
　後，改以低速攪拌。如果攪拌棒的痕跡會稍微殘留
　在蛋糊上就OK了。

3　一口氣加入粉類，以橡皮刮刀攪拌至看不見粉粒為
　止。

4　加入已經溶化的奶油和牛奶，輕輕混拌至麵糊出現
　光澤為止。

5　**烘烤**　將麵糊填入裝有口徑1cm圓形擠花嘴的擠花
　袋，擠入模具中。以橡皮刮刀輕輕攪拌表面。

6　用200℃的烤箱烘烤約10分鐘。

　＊超過9分鐘時，如果表面出現烤色即可取出。

7　烘烤完成後脫模，放在網架上，蓋上布巾。稍微放
　涼之後裝入袋子中保存。

費南雪蛋糕

黑糖費南雪蛋糕
鳳梨椰子費南雪蛋糕
紅茶費南雪蛋糕

# 費南雪蛋糕

減少甜度和油脂、味道清爽的費南雪蛋糕。重點在於把奶油煮成香氣撲鼻的焦香奶油，然後加入麵糊中。奶油煮得太焦的話，味道會過於濃烈，請特別留意。如果有多餘的蛋白，請嘗試做做看。

**材料**　直徑6×高3cm的鋁製模具5個份

無鹽奶油⸺50g

蛋白⸺65g*

黍砂糖⸺60g

鹽⸺1撮

低筋麵粉⸺30g

杏仁粉⸺30g

*對於費南雪蛋糕來說，蛋白的分量是重點所在，所以使用公克（g）來標示。

**準備**

・杏仁粉以140℃的烤箱烘烤5分鐘之後，與低筋麵粉混合，輕輕攪拌後過篩。
・將烤箱預熱至190℃。

## 作法

1　**製作焦香奶油**　將奶油放入有深度的小鍋子中，以小火加熱。待奶油融化之後，轉為較大的中火，沸騰之後移離爐火，用橡皮刮刀整體攪拌（a）。

2　再度以中火加熱，待冒出細小的氣泡、稍微變成黃褐色即可關火。利用鍋子的餘溫使奶油上色（b）。

　　＊中途如果顏色變得太深，就放在濕布巾上降溫。
　　＊要加入麵糊前，需先放涼至55℃左右再加入。

3　**製作麵糊**　將蛋白放入缽盆中，以打蛋器打散，加入黍砂糖和鹽攪拌。放在瓦斯爐上，以微火加熱約5～10秒。立刻移離爐火，用打蛋器像畫直線般地攪拌約10～20秒，直到出現細小的氣泡輕輕覆蓋表面為止。

4　一口氣加入低筋麵粉和杏仁粉攪拌（c）。

5　將4放在磅秤上，以小濾網過濾焦香奶油，加入約37g（d）。用橡皮刮刀攪拌至奶油均勻地分布在全體中。

6　**烘烤**　使用2根湯匙把麵糊舀入模具。

7　以190℃的烤箱烘烤約17分鐘。烤8分鐘左右時要對調模具的方向。烘烤完成後放在網架上，稍微放涼之後裝入袋子中保存。

　　＊剛烤好的時候表面酥酥脆脆的，過一段時間就會變得濕潤。隔天再吃，才是最佳賞味時刻。

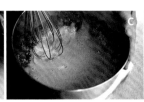

# 黑糖費南雪蛋糕

只是把砂糖換成黑糖，就搖身一變成為風味完全不同的費南雪蛋糕。順帶一提，在我的甜點教室裡使用的是「大東製糖」的紅糖，其滋味與黑糖大致相同，而且沒什麼苦味和澀味。

**材料** 直徑6×高3cm的鋁製模具5個份

無鹽奶油——50g

蛋白——65g

黑糖（p.7）——60g

鹽——1撮

低筋麵粉——30g

杏仁粉——30g

**準備**

· 將黑糖過篩。

· 除上述事項之外，與p.86「費南雪蛋糕」的準備工作相同。

**作法**

*1* 依照p.86「費南雪蛋糕」，以相同的方式製作。

---

# 鳳梨椰子費南雪蛋糕

在杏仁粉中加入椰子粉，最後放上味道契合的鳳梨乾。比起原味的費南雪蛋糕，口感稍微清爽些，帶有會令人想起南國的味道。

**材料** 直徑6×高3cm的鋁製模具5個份

無鹽奶油——50g

蛋白——65g

三溫糖——60g

鹽——1撮

低筋麵粉——30g

杏仁粉——15g

椰子粉——15g

鳳梨乾——30g

**準備**

· 將三溫糖過篩。

· 鳳梨乾以熱水清洗2～3次後，放著約15分鐘，然後切成1.5cm的丁狀。

· 除上述事項之外，與p.86「費南雪蛋糕」的準備工作相同。

**作法**

*1* 依照p.86「費南雪蛋糕」的*1*～*5*步驟，以相同的方式製作。在加入低筋麵粉的步驟，將椰子粉一起放入。

*2* 使用2根湯匙把麵糊舀入模具中。將鳳梨乾3～4小塊和裝飾用的椰子粉（分量外）撒在表面。

*3* 依照p.86「費南雪蛋糕」的步驟*7*，以相同的方式烘烤。

---

# 紅茶費南雪蛋糕

只需在加入粉類的步驟將茶包裡的茶葉一起放入攪拌，就能做出微微飄散著紅茶香氣的高雅風味。非常適合當成茶點享用。

**材料** 直徑6×高3cm的鋁製模具5個份

無鹽奶油——50g

蛋白——65g

三溫糖——60g

鹽——1撮

低筋麵粉——30g

杏仁粉——30g

伯爵紅茶的茶包——1個（2g）

**準備**

· 與p.86「費南雪蛋糕」的準備工作相同。

**作法**

*1* 依照p.86「費南雪蛋糕」的*1*～*5*步驟，以相同的方式製作。將紅茶從茶包中取出，在加入低筋麵粉的步驟一起放入。

*2* 依照p.86「費南雪蛋糕」的*6*～*7*步驟，以相同的方式烘烤。

# 果醬餅乾

外表看起來很可愛的果醬餅乾。這種奶油中飽含大量空氣的餅乾味道不會過於濃郁，口感清爽酥脆。使用黍砂糖（或是細砂糖）製作的話，就可以擠出輪廓清楚又漂亮的麵糊喔！

**材料**　直徑3cm的25片左右

**無鹽奶油**⸺ **50g**

**黍砂糖**⸺ **20g**

**蛋白**⸺ **20g**

**低筋麵粉***⸺ **55g**

**喜愛的果醬****⸺ **適量**

*若想做成可可口味，則使用低筋麵粉48g、可可粉7g。
**建議使用覆盆子果醬、草莓果醬或柑橘果醬。除了稀稀水水的果醬不太適合以外，建議大家可以多方嘗試看看。

**準備**

・將低筋麵粉過篩。

・將烤箱預熱至160℃。

## 作法

1. **製作麵糊**　將奶油放入缽盆中，以打蛋器攪拌成髮蠟狀。加入黍砂糖之後輕輕攪拌。

2. 將蛋白分成2次加入，攪拌至變得蓬鬆。

　　＊當麵糊因為沒有拌入空氣而無法變得蓬鬆時，隔著冰水，一邊冷卻一邊攪拌即可。

3. 一口氣加入低筋麵粉，以橡皮刮刀充分攪拌（a）。

4. **成形**　將麵糊填入裝有8齒6號星形擠花嘴的擠花袋中。把烘焙紙鋪在烤盤上，像寫「の」字般擠出麵糊（b）。

5. 將手指稍微沾濕，在每個麵糊的正中央壓出一個差不多透底的凹洞（c）。在凹洞中填入果醬（d）。

6. **烘烤**　以160℃的烤箱烘烤約20分鐘，然後調降成150℃，烘烤約5分鐘，直到餅乾底面微微呈現黃褐色為止。

　　＊填入果醬的凹洞周圍，雖然剛烤好時很柔軟，但冷卻之後就會變得酥脆。

## *Arrange*
## 巧克力夾心餅乾

因為餅乾的口感酥脆輕盈，所以在2片中間夾入巧克力也很好吃。

## 作法

擠出麵糊之後，不需壓出放入果醬的凹洞，就這樣直接烤成餅乾。將食譜分量外的鏡面巧克力隔水加熱融化，塗在餅乾的背面，然後將2片餅乾相疊。

# 生乳酪蛋糕

這款生乳酪蛋糕只需依序放入材料攪拌即可，作法十分簡單。加入的水果可以是罐頭水果，也可以是家裡現有的水果，請隨興地嘗試看看。水果也可以替換成等分量的優格。使用的是菲力（Philadelphia）奶油乳酪。

**材料** 布丁杯7個份
奶油乳酪——200g
草莓——110g*
（或是罐頭鳳梨片——110g）
檸檬汁——13g
細砂糖*——80g
明膠粉——6g
冷開水——18g
鮮奶油（乳脂肪含量47%）——135g
奶酥——適量
迷迭香——適量

*如果使用罐頭水果，請將細砂糖的分量更改成60g。

**準備**
・將明膠粉和冷開水放入缽盆中，充分泡脹之後隔水加熱溶化。

## 作法

1 將奶油乳酪、草莓、檸檬汁和細砂糖放入食物調理機中攪拌。

2 攪拌至滑順之後，加入已經溶化的明膠，然後迅速地混拌。

3 直接加入鮮奶油攪拌，從液狀變成發泡鮮奶油狀時停止攪拌。填入裝有口徑1cm圓形擠花嘴的擠花袋中，擠入容器裡。

＊製作鳳梨口味時，需在中途加入果肉（分量外）增添風味。

4 放入冷藏室1小時冷卻定型後，撒上奶酥和迷迭香。

---

## 奶酥的作法

**材料** 容易製作的分量
杏仁粉——30g
無鹽奶油——30g
低筋麵粉——30g
黍砂糖——30g
鹽——1撮

**作法**

1 杏仁粉以140℃的烤箱烘烤5分鐘之後放涼。

2 將全部的材料放入缽盆中，以手掌搓磨混合。攏整成團後放入冰箱冷藏。

3 分成零碎乾鬆的小塊之後，以160℃的烤箱烘烤約12～15分鐘。裝在密閉容器中保存。

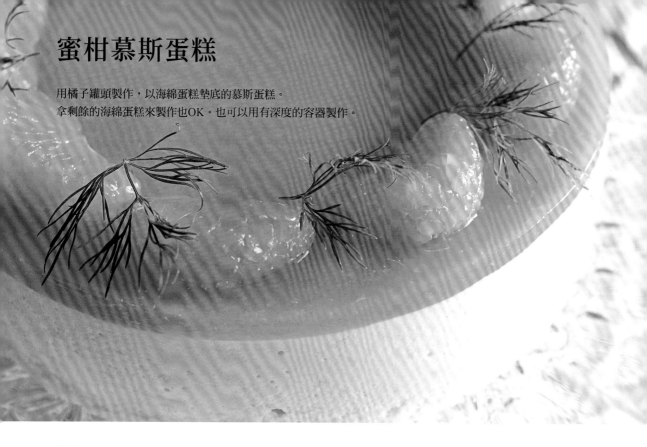

# 蜜柑慕斯蛋糕

用橘子罐頭製作，以海綿蛋糕墊底的慕斯蛋糕。
拿剩餘的海綿蛋糕來製作也OK。也可以用有深度的容器製作。

材料　15cm的圓形圈模1個份
平板海綿蛋糕*（16×16cm）......1片
糖漿（p.17）......10g
橘子罐頭......1罐（總量425g）
蛋黃......1個份
細砂糖......35g（分成25g和10g）
鮮奶油（乳脂肪含量35%）......200g（分成65g和135g）
明膠粉......5g
冷開水......16g
蒔蘿......適量

*將p.14「海綿蛋糕」烤成平板蛋糕（厚度1cm）。以剩餘的海綿蛋糕拼
拼湊湊鋪在圈模中也OK。

準備
・將橘子罐頭的果肉和糖漿分開。
・將明膠粉和冷開水放入缽盆中泡脹。分成13g和8g。

作法
1　準備海綿蛋糕　將約1cm厚的海綿蛋糕切成圓形
　　圈模的大小，鋪在底部。把糖漿和橘子罐頭的糖
　　漿10g放入缽盆中混合，然後用刷子塗在海綿蛋糕
　　上。讓蛋糕緊密地嵌在模具中，備用。
2　製作橘子泥　留下橘子果肉9瓣，其餘的以食物調
　　理機攪打成泥狀。
3　製作慕斯　將蛋黃放入缽盆中以打蛋器打散，加入

細砂糖25g後，攪拌至顏色泛白為止。
4　將2的橘子泥100g和鮮奶油65g放入小鍋子中，以
　　小火加熱。煮到沸騰之後，倒入3之中攪拌。倒回
　　小鍋子中，以小火加熱，攪拌約1分鐘半。稍微變
　　得濃稠一點時即可移離爐火。
5　加入已泡脹的明膠13g，一邊用餘溫溶化，一邊攪
　　拌。將鍋子放入裝冰水的缽盆中，隔著冰水放涼。
6　將鮮奶油135g放入另一個缽盆中，隔著冰水打成8
　　分發。加入5，以橡皮刮刀混合。倒入1之中，放
　　入冰箱冷藏。
7　製作果凍　將剩餘的橘子果泥、橘子罐頭的糖漿補
　　足成90g，連同細砂糖10g放入小鍋子中，以中火加
　　熱。煮滾之後，加入已經泡脹的明膠8g充分攪拌，
　　然後移離爐火。放入裝有冰水的缽盆中，隔著冰水
　　一邊攪拌，一邊冷卻。
8　將7倒在已經凝固的6的表面，放入冰箱冷藏1小
　　時。最後以事先留下來的橘子果肉和蒔蘿裝飾。

＊使用有深度的容器，製作
成挖取式蛋糕也OK。照片
所示為無印良品的深型容器
（長17×寬10×高7cm）。

# 葡萄果凍和芭芭樂慕斯

用葡萄汁製作的果凍和芭芭樂慕斯組合而成的蛋糕。
只需更換果汁的種類，就可以衍生出更多不同的口味。

**材料　15×18cm的容器1個份**

平板海綿蛋糕*（16×16cm）⋯⋯1片

糖漿（p.17）⋯⋯10g

白庫拉索酒⋯⋯10g　＊也可以使用水。

蛋黃⋯⋯1個份

細砂糖⋯⋯45g（分成25g和20g）

蜂蜜⋯⋯5g

香草油⋯⋯2滴

牛奶⋯⋯70g

明膠粉⋯⋯6g

冷開水⋯⋯18g

鮮奶油（乳脂肪含量47%）⋯⋯170g

葡萄汁**（濃縮還原）⋯⋯200g

*將p.14「海綿蛋糕」烤成平板蛋糕（厚1cm）。以剩餘的海綿蛋糕拼拼湊湊鋪在容器中也OK。

**建議使用便宜的紙盒裝白葡萄汁。含有大量多酚的高級葡萄汁並不適合。

## 準備

・將明膠粉和冷開水放入缽盆中泡脹。分成8g和16g。

## 作法

1　**準備海綿蛋糕**　將約1cm厚的海綿蛋糕切成符合模具的大小。把糖漿和白庫拉索酒放入缽盆中攪拌，然後用刷子塗在海綿蛋糕上。鋪在模具底部備用。

2　**製作芭芭樂慕斯**　將蛋黃放入缽盆中以打蛋器打散，加入細砂糖25g後攪拌至顏色泛白為止。加入蜂蜜和香草油攪拌。

3　將牛奶倒入小鍋子中，以中火加熱。煮到鍋壁邊緣「噗滋噗滋」冒泡時，倒入 2 之中充分攪拌。

4　將 3 倒回小鍋子中，以小火加熱，攪拌約1分鐘半。稍微變得濃稠一點時即可移離爐火。

5　加入已經泡脹的明膠8g，一邊利用餘溫溶化，一邊攪拌。將鍋子放入裝有冰水的缽盆中，隔著冰水放涼。

6　將鮮奶油放入另一個缽盆中，隔著冰水打成7分發。加入 5，以橡皮刮刀混合。倒入 1 之中，放入冰箱冷藏。

7　**製作果凍**　將葡萄汁和細砂糖20g放入小鍋子中，一邊以中火加熱，一邊攪拌混合。煮滾之後移離爐火，加入已經泡脹的明膠16g，利用餘溫溶化。放入裝有冰水的缽盆中，隔著冰水一邊攪拌，一邊充分冷卻。

8　將 7 倒在已經凝固的 6 的表面，放入冰箱冷藏1小時。

＊請依個人喜好，以德拉瓦葡萄或巨峰葡萄等裝飾。

＊這個蛋糕是使用野田琺瑯的保存盒製成。以相同容器製作的話，會如照片所示形成漂亮的3層，味道也很均衡，非常美味。

# 使用烤箱的訣竅

不同的烤箱，烤出來的糕點會有些許差異。雖然一直進行到「倒入模具中」的步驟為止都覺得很順利，卻烤不出漂亮的糕點，這時原因很可能出在烤箱。各位可以透過重新閱讀製造商的說明書，或是嘗試把烘烤完成的情況做成筆記，漸漸掌握自家烤箱的特性。

我覺得電烤箱和瓦斯烤箱似乎各有優缺點。接下來要告訴大家烤出漂亮糕點的訣竅。

＊本書使用的是電烤箱。

種類
・基本上有上下加熱管烤箱和旋風烤箱（熱風循環）這2種。

特徵
・因為火力溫和，不太會將水分烤乾，可以烤得很鬆軟。
・烘烤完成的情況常會因機種或季節而有所改變，必須觀察烘烤狀態做細微的調整。
・基本上預熱的時間較久。預熱完成後，打開烤箱溫度很容易一下子就往下降。
・上下加熱管烤箱的側面火力很弱。
・旋風烤箱雖然導熱均勻，但有時會烤不透，造成蛋糕體過於密實。
・上下加熱管烤箱多半一次只能烤1層糕點，而旋風烤箱可以烤2層。

種類
・基本上只有旋風烤箱（熱風循環）。

特徵
・烤箱的火力強而穩定，可以一次烘烤很多餅乾。
・預熱時間短，烤箱內的溫度也很穩定。
・因為火力強，容易失去水分，有時會造成厚皮，或是使蛋糕體變得乾燥。
・為了避免蛋糕體過於乾燥，可以將裝有熱水的缽盆放入烤箱、調降烘烤溫度，或是縮短烘烤時間。
・烘烤海綿蛋糕時，為了避免厚皮，烘烤前可以在麵糊的表面噴上水霧。

# 烘烤時的訣竅

## 隨著季節做細微的調整

烤箱的烘烤時間會隨著機種或季節而有所差異。首先，請確認室溫大約是幾度。以室溫為基準，參考食譜標示的烘烤溫度和時間，將溫度調升或調降10℃，或是將烘烤時間增加或減少2分鐘左右。預熱最好提前進行。請多費點心思，讓烘烤狀態符合食譜的要求，例如冬季時，將預熱的溫度調整得比食譜標示的再高10℃等。

## 在烘烤途中對調烤盤方向

因為烤箱內部各處的溫度有差距，所以根據糕點擺放的位置，可能會形成上色不均勻的情況。為了讓糕點均勻受熱，請中途更換位置或方向之後再繼續烘烤。馬芬、杯子蛋糕和平板蛋糕等，只要勤於對調方向，就可以烤得很漂亮。

## 放入烤箱的下層

烤箱有上下2層，或是上中下3層時，本書食譜皆是放入下層烘烤。有的製造商會建議使用中層，所以請詳閱說明書。此外，預熱的時候，如果可以選擇只開「上火」或「下火」的話，請設定成「上下火同時加熱」。

## 遇到下列情況時該怎麼辦？

### 烘烤完成的蛋糕體嚴重地凹陷！
↓
這是沒有完全烤熟的跡象。下次烘烤時，請稍微拉長烘烤的時間，或是把烘烤溫度提高10℃試試看。

### 蛋糕體變得乾巴巴的
↓
原因在於烘烤過度。下次烘烤時，請稍微縮短烘烤時間，或是把烘烤溫度降低10℃試試看。
至於已經烤得乾柴的海綿蛋糕，把糖漿（p.17）以等量的水或利口酒稀釋之後，塗在整個蛋糕上，再用保鮮膜包起來，便可以使其恢復柔軟並預防乾燥。

### 中央隆起來
↓
這是因為側面承受的熱力過強，所以側面先烤熟，中央部分隨後才膨脹起來。可以調降烘烤溫度，或是將1張報紙先摺成1/2再摺成3折，用水浸濕之後圍住模具的周圍，再以釘書機固定，如此便能降低側面承受的熱力。

**佐藤弘子**（さとうひろこ／營養師・糕點製作衛生師）

主持madeleine甜點教室。
在玉川上水經營只有星期六營業的布丁店，同時以
「madeleine」的店名從事糕點製作、商品開發的工
作。著有《ほんとうにおいしい生地でつくるドーナ
ツレシピ77 》、《ほんとうにおいしい生地でつくる
チョコレートレシピ 》等書（皆為日本 朝日新聞出
版）。

# 人氣烘焙教室的基礎蛋糕54款

2018年11月1日初版第一刷發行

| | | |
|---|---|---|
| 作　　　者 | 佐藤弘子 | 日文版Staff |
| 譯　　　者 | 安珀 | 設計／高市美佳 |
| 編　　　輯 | 陳映潔 | 照片／福尾美雪 |
| 封面設計 | 麥克斯 | 造型／佐々木カナコ |
| 發行人 | 齊木祥行 | 插畫／寺坂耕一 |
| 發行所 | 台灣東販股份有限公司 | 編輯／脇洋子 |

　　　　　　　＜地址＞台北市南京東路4段130號2F-1
　　　　　　　＜電話＞(02)2577-8878
　　　　　　　＜傳真＞(02)2577-8896
　　　　　　　＜網址＞www.tohan.com.tw
郵撥帳號　　　1405049-4
法律顧問　　　蕭雄淋律師
總經銷　　　　聯合發行股份有限公司
　　　　　　　＜電話＞(02)2917-8022
香港總代理　　萬里機構出版有限公司
　　　　　　　＜電話＞2564-7511
　　　　　　　＜傳真＞2565-5539

購買本書者，如遇缺頁或裝訂錯誤，
請寄回更換（海外地區除外）。
Printed in Taiwan.

國家圖書館出版品預行編目資料

人氣烘焙教室的基礎蛋糕54款／佐藤弘
子著；安珀譯. -- 初版. -- 臺北市：臺灣
東販, 2018.11
96面 ; 19×24.4公分
ISBN 978-986-475-821-0(平裝)

1. 點心食譜

427.16　　　　　　　　　107017034